図解 思わずだれかに話したくなる

身近にあふれる「生き物」が3時間でわかる本

編著 左巻健男

読者のみなさんへ

本書は、次のような人たちに向けて書きました。

・めずらしい生き物もいいけど、
　もっと身のまわりにたくさんいる
　「身近な生き物」について知りたい！

・教科書や図鑑のような解説ではなく、
　「私たちの生活とその生き物がどう関係しているのか」が
　わかるようなおもしろ知識を知りたい！

　私は、小学生の頃、学校から帰るとランドセルを家に放り投げて、川や山に遊びに行ったものです。とった魚や貝、キノコなどは夕食のおかずになりました。経済的にはとても貧しかったのですが、毎日が輝いていました。
　「今日は何がおこるんだろう？」というわくわくとした好奇心をもって、日々を過ごしたからです。

　長じて、私は生物方面ではなく、物理化学方面を専攻しました。それで中学・高等学校の理科の教員になり、さらに大学の教員になりました。自然の中でおもしろいものを見つけたり、じっくり観察するということが、現在の仕事につながっています。
　生き物については全くの素人ですが、趣味として自然観察、国内外放浪、軽登山を楽しんできました。

一緒に執筆した青野裕幸さん、左巻恵美子さんとも同じ趣味を楽しんできました。3人とも中学校や高等学校で理科を教えてきた経験をもっています。

　ところで昨今、学校で教える「理科・生物」が、具体的な生物（まさに生き物！）から遠ざかり、抽象的になっている感じがします。
　私たちは、日常で出会う生き物たちに好奇心がわくような「理科・生物」の学びであってほしいと願っています。

　本書を執筆するときにとくに意識したのは、「虫が嫌い！　見るのも触るのもイヤ！」などという人です。
　というのは本書執筆前に、小学生女子向けの理科の本の監修を頼まれて打ち合わせをしたのですが、「テーマに虫嫌いが多いので内容に虫のことは入れないんですよ。入れてもせいぜいチョウやトンボくらい」といわれたからです。
　私は、そんな人にこそ、自然のふしぎ、自然のおもしろさを感じてもらい、触らなくてもいいから、嫌いな生き物であっても、その生活に興味をもってもらいたいと思うのです。

　最後になりますが、素人の目線から本書の編集作業に力を入れてくれた明日香出版社編集の田中裕也さんに御礼を申し上げます。

　　　　　　　　　　　　　　　　　　編著者　左巻健男

図解 身近にあふれる「生き物」が3時間でわかる本　目次

読者のみなさんへ　　003

第1章　『家の中・庭』にあふれる生き物

01	ウイルス	「汗をかいたらカゼが治る」はまちがい？	012
02	細菌	抗生物質は使われすぎると危険？	016
03	カビ〔黴〕	毒にも美味しい食材にもなる？	020
04	常在菌	うんちやおならが臭いのはなぜ？	022
05	人の寄生虫	日本はもともと「寄生虫王国」だった？	026
06	ダニ	なぜ布団の中で繁殖するの？	030
07	アリ〔蟻〕／シロアリ〔白蟻〕	アリはハチの仲間、ではシロアリは？	033
08	カ〔蚊〕	人の血を吸うのはオスとメスどっち？	036
09	ハエ〔蠅〕	なぜハエをたたくのは難しいの？	040
10	クモ〔蜘蛛〕	家で見かけるクモは巣をつくれない？	043
11	ゴキブリ	3億年前から変わらない「生きた化石」？	046
12	キンギョ〔金魚〕	人間が品種改良で生んだ生き物？	048
13	カメ〔亀〕	長生きの秘けつはどこにある？	050
14	ハムスター	1日に走る距離は数十キロメートル？	052
15	ネズミ〔鼠〕	何でもかじるのは歯が伸び続けるから？	054
16	ネコ〔猫〕	野生ネコは簡単に見分けられる？	058
17	イヌ〔犬・狗〕	なぜ1万年も前から家畜化できたの？	060

コラム1——　変化する生物の分類　　065

第2章 『公園・学校・市街地』にあふれる生き物

18	ダンゴムシ[団子虫]	迷路の中を迷わずゴールできる?	068
19	ハチ[蜂]	怖いのは毒ではなくアレルギー反応?	070
20	ナメクジ/カタツムリ	なぜ塩をかけると溶けちゃうの?	073
21	ミミズ	夏の炎天下で干からびているのはなぜ?	075
22	チョウ[蝶]/ガ[蛾]	イモムシとケムシ、チョウとガのちがいは何?	078
23	トンボ[蜻蛉]	地球史上最大の昆虫はトンボだった?	081
24	トカゲ/カナヘビ	どうやって自分の尾を切るの?	084
25	スズメ[雀]	なぜ毎朝チュンチュン鳴いてるの?	086
26	ツバメ[燕]	飛行速度は最速で時速200 km?	088
27	コウモリ	吸血コウモリは日本にもいるの?	090
28	ウサギ[兎]	なぜ自分のうんちを食べるの?	092
29	ムクドリ[椋鳥]	なぜ駅前に群れで集まるの?	095
30	ハト[鳩]	伝書鳩はなぜ手紙を届けられるの?	097
31	カラス[烏・鴉]	ゴミを荒らす迷惑モノ? または吉兆の鳥?	099
32	タヌキ[狸]	とても臆病ですぐ仮死状態になる?	101
コラム2	──	生物は大き5つのグループに分かれている	103

第3章 『野山・田畑・牧場』にあふれる生き物

33	バッタ キリギリス コオロギ スズムシ〔鈴虫〕	鳴く虫の"耳"はどこにある?	106
34	カマキリ	なぜメスは交尾中にオスを食べてしまう?	109
35	カブトムシ〔甲虫〕 クワガタムシ〔鍬形虫〕	角がたったの2時間で生えるのはなぜ?	111
36	ウグイス〔鶯〕	なぜウグイス色は黄緑色と思われている?	114
37	ヘビ〔蛇〕	なぜ大きな獲物も丸呑みできるの?	117
38	ニワトリ〔鶏〕	インフルエンザワクチンは鶏卵でつくる?	120
39	アライグマ〔洗熊〕	可愛らしいけど触ってはいけない?	123
40	キツネ〔狐〕	なぜ「神様の使者」として信仰されてるの?	125
41	ヒツジ〔羊〕	なぜウールは冬暖かくて夏涼しいの?	127
42	ヤギ〔山羊〕	なぜ紙を食べても平気なの?	129
43	シカ〔鹿〕	立派な角は骨じゃなくて皮ふ?	131
44	ウマ〔馬〕	多量の汗をかくのはウマと人間だけ?	134
45	ブタ〔豚〕	イノシシから品種改良した経済動物?	137
46	ウシ〔牛〕	高級和牛はほぼ1種からつくられている?	141
47	クマ〔熊〕	遭遇したときの「死んだマネ」は効果なし?	144

コラム3——動物とはどんな生物? 148

第4章 『水辺・川・海』にあふれる生き物

48	アメンボ	水に洗剤を入れると沈んでしまう？	150
49	カエル〔蛙〕	胃袋をはき出して自分で洗うって本当？	151
50	ザリガニ	なぜ侵略的外来種に指定されているの？	153
51	コイ〔鯉〕	ニシキゴイは数百万円もする「泳ぐ宝石」？	154
52	カモ〔鴨〕	カルガモはなぜ春になると引っ越しするの？	156
53	二枚貝	開かない貝は食べてはいけない？	158
54	クラゲ	なぜお盆の頃から大量発生するの？	160
55	イワシ〔鰯〕	なぜ"弱い"のに魔除けになるの？	163
56	サンマ〔秋刀魚〕	食べると本当に頭がよくなるの？	165
57	サケ〔鮭〕	サケは赤身魚？ それとも白身魚？	168
58	ウナギ〔鰻〕	マリアナ海域から日本にやって来る？	170
59	カニ〔蟹〕	「カニ味噌」は脳みそではなく内臓？	174
60	フグ〔河豚〕	フグ毒は青酸カリの1000倍以上？	176
61	イカ〔烏賊〕/タコ〔蛸〕	タコスミはなぜ料理に出てこないの？	179
62	ブリ〔鰤〕	大きさによって名前が変わる出世魚？	181
63	マグロ〔鮪〕	資源枯渇で将来食べられなくなる？	183
コラム4		食物連鎖と生物同士のつながり	186

第5章　私たち『ホモ・サピエンス』

64　どんどん増えるホモ・サピエンス　　　　　188
65　ヒトの進化と直立二足歩行　　　　　　　　190
66　ヒトの手と巨大化する脳　　　　　　　　　193

ブックデザイン・イラスト　末吉喜美

第1章
『家の中・庭』
にあふれる生き物

01 ウイルス
「汗をかいたらカゼが治る」はまちがい?

> ウイルスが原因になっている身近な病気は、カゼ、インフルエンザ、プール熱、麻疹、手足口病、リンゴ病、風疹、ヘルペス、肝炎(A型、B型、C型)などたくさんあります。

ウイルスはとんでもなく小さい

ウイルスは遺伝子とそれを包むタンパク質でできているだけのとても簡単な構造なのに、人、動物、植物など様々な生き物に感染して被害を与えます。独立して生きることができず、他の生きている細胞に感染して増えていきます。

ウイルスの大きさは20〜970 nm(ナノメートル)です[*1]。細菌の大きさは1〜5 μm(マイクロメートル)ですから、細菌よりずっと小さいことがわかります。ほとんどのウイルスは300 nm以下で、電子顕微鏡で高倍率にしないと見ることはできません。

ウイルスの大きさのイメージ

細菌の大きさをソフトボール大に例えると → ウイルスはコメ粒大の大きさになる

[*1]:「1μm(マイクロメートル)」は1mm(ミリメートル)の1000分の1で、「1nm(ナノメートル)」は同100万分の1です。

第1章
『家の中・庭』
にあふれる生き物

01 ウイルス
「汗をかいたらカゼが治る」はまちがい?

> ウイルスが原因になっている身近な病気は、カゼ、インフルエンザ、プール熱、麻疹、手足口病、リンゴ病、風疹、ヘルペス、肝炎(A型、B型、C型)などたくさんあります。

ウイルスはとんでもなく小さい

ウイルスは遺伝子とそれを包むタンパク質でできているだけのとても簡単な構造なのに、人、動物、植物など様々な生き物に感染して被害を与えます。独立して生きることができず、他の生きている細胞に感染して増えていきます。

ウイルスの大きさは20〜970 nm(ナノメートル)です[*1]。細菌の大きさは1〜5 μm(マイクロメートル)ですから、細菌よりずっと小さいことがわかります。ほとんどのウイルスは300 nm以下で、電子顕微鏡で高倍率にしないと見ることはできません。

ウイルスの大きさのイメージ

*1:1μm(マイクロメートル)は1mm(ミリメートル)の1000分の1で、「1nm(ナノメートル)」は同100万分の1です。

野口英世はウイルスに気づかなかった

黄熱病(おうねつ)は、おもに熱帯アフリカと中南米が流行地域で、カ(蚊)によって媒介される病気です。高熱のあとに重度の肝障害にともなう黄疸(おうだん)が出てくるのでその名となり、致死率は5〜10％と考えられています。

千円札の顔になっている野口英世は、1918年に黄熱病の病原菌(細菌)を発見したと公表しました。それはのちに、症状が似た別の病気の病原菌とわかり、野口の発見はまちがいであることがわかりました。黄熱病の原因は細菌ではなくウイルスだったのです。

野口は細菌説にこだわって研究したことで病原体を見誤り、黄熱病に倒れて亡くなりました。

インフルエンザウイルスが感染する経路

毎年のように猛威をふるうインフルエンザウイルスについてその感染の経路を見てみましょう。

体内に侵入したウイルスは、まず細胞にとりつきます。これが**感染**です。

インフルエンザが感染する経路は、感染者が咳やくしゃみをすることで飛んだ飛まつに含まれるウイルスからの**飛まつ感染**がおもなものですが、感染者がウイルスが付着した手で口や鼻に触れることによる**接触感染**もあります。

インフルエンザの感染を防ぐポイントは、「ワクチン接種」「正しい手洗い」「体調管理」「適切な湿度」「流行時期は人ごみを避

ける」です。インフルエンザにかかると、「38℃以上の突然の発熱」「頭痛、筋肉痛、関節痛、全身倦怠感などの全身症状」「のどの痛みや鼻水、咳」などの症状がみられ、食欲不振、嘔吐、腹痛、下痢などをともなうこともあります。

ちなみに、インフルエンザウイルスは絶えず変異しているため、毎年のように新しいタイプのインフルエンザが登場しています。

インフルエンザ型のちがい

型	特徴	主症状
A型	流行しやすい。少しずつ変異をつづける。	高熱、のどの痛み、鼻づまり。症状は重い。
B型	A型ほどの流行は起きにくい。変異しにくい。	腹痛・下痢などの消化器症状。A型よりも症状は軽度。
C型	乳幼児期に感染する。変異しない。	カゼの症状。

発熱でウイルス増殖を抑える

カゼは**ライノウイルス**(鼻、喉の粘膜で増殖)、**コロナウイルス**(鼻の粘膜で増殖)、**アデノウイルス**(喉の粘膜で増殖)などが喉や鼻の細胞に感染しておこります。

症状として発熱や倦怠感、嘔吐や咳、くしゃみがおこります。

これらの症状は、じつは、体がウイルスに正常に反応し、元の状態に戻そうとしているからおきるもの。自分の体がしっかり対応した結果ですから、健康な証拠とみなすこともできます[*2]。

ウイルスは高温を嫌います。**ウイルスが喉や鼻に感染するのは、そこが比較的低温(33~34℃)な場所だから**です。

私たちが発熱すると、最初は寒さを感じますね。これは発熱に

---

*2:栃内新著『進化から見た病気』(講談社ブルーバックス)を参考にしました。

よるものです。**発熱して体温を上げることで、ウイルスの増殖を抑えている**のです。

また免疫の働きも高まります。倦怠感は、安静を強いて体が発熱や免疫の働きのほうに向くようになる有利な性質とも考えられます。

嘔吐や咳、くしゃみはウイルスを体外に排出する反応です。ただし大量のウイルスが飛び出しますから、それが新たな感染源にならないような注意が必要です。

暖かくして安静にすることで、ほとんどの場合は数日で治ります。**カゼの回復期によく大量の汗をかくのは、高くなった体温を下げるためです**。汗をかいたからカゼが治るのではなく、治りつつあるから汗をかくのです。

もちろん、初期症状がカゼのように見えてもインフルエンザの場合もありますから、安静にしても症状が改善しない場合は医師にかかる必要があります。

カゼに抗生物質は効かない

抗生物質は細菌やカビには効きますがウイルスには効きません。

ただし、カゼと診断されているのに抗生物質が処方されることもあります。それは、カゼの症状の進行でカゼとは関係のない細菌が増殖することを予防するためといわれています。

もっとも最近では、カゼに抗生物質は意味がないとして処方しない医師が増えています。

02 細菌
抗生物質は使われすぎると危険？

> 細菌というと、つい「ばい菌」を連想してしまいますね。抗菌グッズもよく売れています。でも私たちは細菌なしでは生きていけません。いったい細菌とは、どんな生き物なのでしょうか。

細菌のほとんどは害がない

細菌は「いないところがほとんどない」といわれるほど様々な場所にすんでいます。

大きさは髪の毛の太さよりも小さく、一つひとつは目に見えません。

体は1つの細胞からできていて（単細胞生物）、細胞の中に核をもっていない生物（原核生物）です。ただ核をもっていないといっても遺伝子の本体であるDNAはあります。DNAが核膜に包まれていないだけなのです。

地球上にはじめて現われた生物も、この仲間だと考えられています。とくに土中には多種類かつ多数の細菌がいます。

細菌のほとんどは、人間に害をおよぼしません。

一部の細菌などは、抗生物質などの医薬品や、ヨーグルトなどの食品をつくるのに役立っています。

ただし、赤痢や結核などの病原菌となって人に害をおよぼすものもいます。

殺菌・抗菌のやりすぎは良くない？

もし細菌がいなかったらどうなるでしょうか。

細菌は様々な物質を分解し、生態系の物質循環に欠かすことのできない役割を果たしています。ですから、細菌がいないと地球上の物質循環が断ち切られて、人は生きていけなくなるでしょう。

昨今は、何でも殺菌したほうがいいかのような「抗菌ブーム」がおきていますが、そもそも人のからだにすみつく常在菌がいなかったら健康な生活は困難になってしまいます。

細菌も自然界や人体の微妙なバランスのうえに存在しています。そのバランスを崩してしまうことにならないようにしたいものです。

耐性菌の怖さ

世界初の抗生物質であるペニシリンは、アオカビがブドウ球菌を殺すという発見によって開発されました[*1]。それ以来、抗生物質はごくありふれた薬となり、人類を苦しめてきた結核、ペスト、チフス、赤痢、コレラなどの伝染病は克服されたかのように見えました。

ところが人類が安心したのも束の間、細菌は素早く逆襲を開始します。抗生物質の効かない**耐性菌**が出現したのです。

抗生物質を使い続けていると、細菌の薬に対する抵抗力が高くなり、薬が効かなくなることがあります。こうした薬への耐性をもった細菌のことを耐性菌といいます。

[*1]：1928年に英国のアレクサンダー・フレミングにより発見されました。この功績をたたえ、フレミングは1945年にノーベル生理学・医学賞を受賞しています。

例えば結核は、世界で死亡者数がエイズ（後天性免疫不全症候群）に次いで2番目に多く、年間900万人が罹患し150万人が死亡しています（2013年）。

　この死亡者のうち、48万人は耐性菌による発症だったと推定されています。

　日本でも明治時代から昭和20年代までは、結核に多くの国民が感染して多数の死者を出しました。その後**ストレプトマイシン**などの抗生物質が開発され、国をあげての対策がとられたことにより死亡者は激減しました。

　それでも2017年現在、人口10万人あたりの患者数は13.9人となっていて、多くの先進国より多い水準です。

　日本は他の先進国のような「低蔓延国」とは、決していえないのです[*2]。

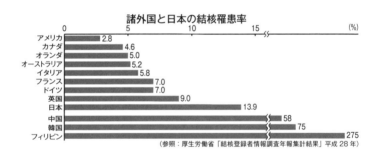

（参照：厚生労働省「結核登録者情報調査年報集計結果」平成28年）

　耐性菌による結核の発生や広がりは大変心配されています。

　耐性菌を生む原因のひとつは、**抗生物質の多用**と考えられてい

---

*2：2017年の結核による死亡数は1889人(概数)で、死因順位は29位です。1950年（昭和25年）には死因順位1位で、12万人超が結核で亡くなっていました。

ます。もし、薬が効かない結核の流行がおこれば、かつて死病とよばれた結核の再流行がおきないとも限らないのです[*3]。

抗生物質の適切な使い方が求められています。

発酵と腐敗のちがいって？

細菌も生きるために栄養分を細胞内にとりこみ、不用物を細胞の外に排出しています。

例えば**酢酸菌**の排出物はお酢ですし、**乳酸菌**の排出物は乳酸です。また、ある**腸内細菌**の排出物はアンモニアですし、**硫黄細菌**のそれは有毒な硫化水素です。

排出物が人間に有益なものなら**発酵**といい、アンモニアや硫化水素など人間に有害なら**腐敗**といいます。だから発酵と腐敗は人間が勝手に分類した言い方にすぎません。

発酵と腐敗の違い

お酢・納豆・ヨーグルトなど

腐った米・麦・大豆・牛乳など

*3:薬剤耐性は、耐性をもたない別の細菌に伝達され、その細菌も薬剤耐性化することで、次々に連鎖していくことがあります。

03 カビ［黴］
毒にも美味しい食材にもなる？

空気中には多数のカビの胞子が飛び交っています。高温多湿の季節に食品や衣類、器物などに生えて変質させる困った存在ですが、有用なカビもあります。

カビとキノコは菌類の仲間

　カビはキノコとともに自身が分裂した胞子によってふえる菌類の仲間です。胞子が発芽すると菌糸と呼ばれる細い糸状の体が伸びて、枝分かれしていきます。成長したカビはまた胞子をつくって仲間をふやします。多くの菌糸が寄り集まることで大きくて目立つ子実体ができるのが**キノコ**で、そのほかの、子実体がないか小さいものが**カビ**です[*1]。

　なお、糸状ではない単細胞のものはカビと区別して酵母という場合があります。

カビの発育過程

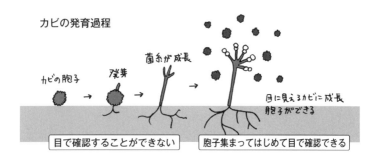

[*1]：胞子をつくるための器官が「子実体」で、肉眼で見えるほど大きくなるのがキノコです。菌糸の1本1本の太さは数 μm（マイクロメートル＝ 1000分の1mm）のため肉眼ではほぼ見えません。

多くの場合、菌糸は非常に細く肉眼では確認できないので、カビの発生に気づくのは、菌糸の先に胞子がつくられそこに色がついて集まってからです。

　例えば、梅雨から夏にかけて台所の食べ物や捨てられた食べ物のカスなどに橙色の**アカパンカビ**が見られます。正月のモチにつく赤紫のカビは**ベニカビ**の類で、毒素は出さないものです。モチにつく灰色がかった緑色のカビは**クサイロカビ**です [*2]。

　カビとキノコは、自然界では**有機物を分解して無機物にする分解者**として重要です。生きている生物体から有機物をとるもの、生物の遺体やその分解途中の有機を利用するものがあります。

病気の原因となるカビ、人に有用なカビ

　カビは植物や人体、および家畜などにカビ病害をひきおこし、衣料品、食品、建築物や各種の工業製品に品質低下をまねきます。

　ミズムシ、タムシ、シラクモはカビが原因です。皮ふや粘膜、さらには全身に症状が現れるカンジダ症もカビが原因です。

　一方で、人に有用なカビもいます。**アオカビ**の胞子の毒素からペニシリン（抗生物質）がつくられたり、アオカビを利用したチーズ、**コウジカビ**を利用した味噌、しょう油、清酒なども多くつくられています。

　良くも悪くも、私たちの生活とは切っても切れない関係なのです。

---

*2：一般的にカビが好む環境は、温度が 20〜30℃、湿度が 60 パーセントを超えたときです。家の中でカビがふえ胞子がたくさん飛びかうと、アレルギーやアトピー、ぜんそくや肺炎などの病気の原因にもなります。

04 常在菌
うんちやおならが臭いのはなぜ？

> おもに健康な人の身体に日常的にすみついている細菌のことを常在菌といいます。腸内に多く存在し、口の中や皮ふの表面にもいます。どんな働きをしているのでしょうか。

常在菌は腸内に100兆個いる

人の身体にいる常在菌の数は膨大で、大腸を中心とした腸内には約100兆個、口の中には約100億個、皮ふには約1兆個いるといわれています。

常在菌がすむ主な部位と菌の数

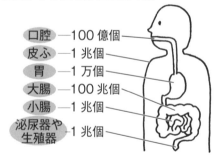

- 口腔 — 100億個
- 皮ふ — 1兆個
- 胃 — 1万個
- 大腸 — 100兆個
- 小腸 — 1兆個
- 泌尿器や生殖器 — 1兆個

母親の胎内で胎児でいるあいだは、卵膜に包まれた羊水の中で完全な無菌状態で育っており、常在菌はいません。

しかし生まれてくるときに産道を通る過程で母親の常在菌の一部が赤ちゃんの口や鼻、肛門につきます。この世に顔を出すと、すぐ横には母親のお尻があり、母親のうんちがあるので、腸内細菌を口から吸ったりします。

　分娩室の空気中には、医師、助産師、看護師、立会人などがしたおならと一緒に彼らの腸内細菌も舞っていて、それも吸いこみます。

　私たちは成長する過程で外界にいる多くの菌を受けとっていきます。こうしてたくさんの種類・数の常在菌とともに生きるのです。

お肌をきれいにしてくれる菌

　私たちの皮ふには、多いところでは $1\,\mathrm{cm}^2$ あたり10万個以上もの菌が存在しています。代表的な皮ふの常在菌である表皮ブドウ球菌の働きを見てみましょう。

　表皮ブドウ球菌は、皮脂を分解して（エサにして）酸をつくり、皮ふ表面を弱酸性に保っています。そして、皮ふ常在菌のバランスがとれていれば、病原菌やカビから肌を守ります。**肌がしっとりつやつやしていたら、この表皮ブドウ球菌が元気な証拠**です。

　しかし、皮ふにトラブルがおこることもあります。日ごろはおとしなくしている菌が何かをきっかけに大増殖を始めたりするのです。例えば「化膿」は、**黄色ブドウ球菌**のしわざです。

　顔を洗ったりすると常在菌が流れ落ちてしまいますが、通常は

毛穴の中などに残っていた菌がすぐに増え始め、30分から2時間ほどで元に戻ります。ところがクレンジングや洗浄剤を使って洗顔すると、肌はアルカリ性に傾き、皮ふがかさかさになります。そうすると、表皮ブドウ球菌などがすめません。常在菌のことも考えて、洗いすぎないことが大切です。

うんちって何？

食べ物は、消化器官内で消化・吸収されます。

吸収されなかった残りは、大腸で水分が吸収されたあと肛門を通り、うんちになります。大腸には常在菌の大部分がすみついています。

うんちは、75％が水分、25％が未消化の食物繊維や腸内細菌などです。水分以外の25％のうち、約3分の1が腸内細菌です。うんちの強烈なにおいは、腸内細菌の働きでできた物質によるものです。

健康な人のうんち

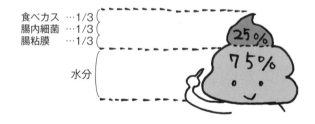

第1章 『家の中・庭』にあふれる生き物

ストレスが増えるとおならは臭くなる

うんちやおならをすると、お尻から腸内細菌も空気中にばらまかれます。ただし、おならの主成分である窒素、水素、二酸化炭素などは無臭です。

においのもとは大腸内の悪玉菌であるウエルシュ菌などのタンパク質分解菌や、腐敗菌が生成する硫化水素やアンモニア、インドール、スカトールなどが原因です。

タンパク質をたくさんふくんでいる肉や魚をたくさん食べた後は、におい物質が大量にできます[*1]。

ストレスによってもおならは臭くなります。胃や腸といった消化器は、疲れやストレスによって食べ物をうまく消化できなくなります。そうなると腸内細菌のバランスが崩れ、善玉菌が減り、悪玉菌が増えてしまうのです。

ストレスは便秘や下痢ももたらします。便秘になると食べ物が長時間腸内にとどまっているため、腐敗や発酵がおこりやすくなります。

うんちやおならのにおいは、腸内細菌のようすをはかるバロメーターになるのです。

[*1]: うんち研究者の辨野義己さんは、1日に1.5キログラムの肉を40日間食べ続けました。毎日米や野菜、果物を口にしないで肉食を続けると善玉菌のビフィズス菌は減少し、悪玉菌のクロストリジウムが増え、体臭がきつくなり、うんちも強烈なにおいを発するそうです。

05 人の寄生虫
日本はもともと「寄生虫王国」だった?

> 激しい腹痛や嘔吐をまねく寄生虫症は、生食文化の日本では珍しくありません。知らず知らずのうちに食べてしまわないように、どんなことを知っておいたらいいでしょうか。

宿主なしでは生きられない

寄生虫とは、人や動物の表面や体内に寄生して食物を横どりする生物のことをいいます。寄生される人や動物を**宿主**といい、寄生虫は宿主なしでは生きていけません。そして、寄生虫は宿主に害をおよぼす場合があり、この感染症を**寄生虫症**といいます。

第二次世界大戦直後までの日本では、寄生虫感染率が70〜80％もあり、「寄生虫王国」とまでいわれました。とくに、ギョウチュウ(蟯虫)とカイチュウ(回虫)がその代表でした。

しかし、今では寄生虫の感染率は1％以下に激減しています。これは生鮮野菜を介した感染が減ったことによります。

また、化学肥料の普及によって人のうんち肥料が使われなくなったこと、下水道の普及と衛生環境の整備が進んだこと、そして、寄生虫病予防法[1]にもとづく集団検便や集団駆虫が普及したことも大きな理由です。

---

[1]:現在この法律は廃止され、感染症予防法(感染症の予防及び感染症の患者に対する医療に関する法律)に受け継がれています。

人にだけ寄生するギョウチュウ

ほとんどの寄生虫が消滅していった中で、**ギョウチュウ**だけは現在でも高い寄生率を維持しています。年齢別では幼稚園や小学校の子ども（5～10歳）に5～10％の高い寄生率がみられ、この子ども達の両親の年齢層である30～40歳にも第二のピークがみられます。

ギョウチュウは人間固有の寄生虫で、成虫は大腸の直腸で生活しています[*2]。

メスは夜間に、肛門から出て肛門周囲に約1万個の卵を産みます。卵はねばねばした物質により皮ふにくっつきます。そのねばねば物質とメスが肛門周囲を歩き回ることでかゆみを生じます。産卵の終わったメスは死んでしまいますが、卵は発育が非常にはやく、産卵後4～6時間でふ化して感染力をもつようになります。

肛門周辺のかゆみをかくと虫卵（ちゅうらん）が手について、それが口に入って感染します。また、下着やシーツ、寝具などについたり、床に落ちたりしたものは2～3週間生きていて、チリやホコリと一緒に鼻や口から入ってきます。そのために家族内や集団生活の場での感染がおこりやすいのです。

ギョウチュウの検査は、虫卵が肛門外に産みつけられるため、検便では見つけることができません。

セロハンテープ肛囲検査法により、肛門の周囲についた虫卵をセロハンテープにはりつけて顕微鏡で調べます。見つかったら薬

[*2]：ギョウチュウの宿主は人だけで、ペットが感染することはありません。成虫の体長はメスが8～13mm、オスが2～5mmです。口の中に入ってから成虫となりメスが卵を産むまで約1か月ほどです。成虫の寿命は約2か月です。

を飲んで駆除します。

ただし、衛生環境の改善にともない、2015年度をもってギョウチュウ検査は定期検診の必須項目からは削除されました。

ギョウチュウ以外にも、今でも**カイチュウ**感染がみられることがあります。

化学肥料ではなく人や家畜家禽のうんちからつくった肥料で栽培した農産物の場合で、発酵熟成が不十分だったと考えられます。

アニサキス症などぞくぞくと新しい寄生虫症も

最近の食生活の多様化やペット動物との接触から、新しい寄生虫症が登場してきています。

例えば、サバ、サケ、ニシン、スルメイカ、イワシ、サンマなどの刺身から感染する**アニサキス症**、ホタルイカの刺身・おどり食いによる**旋尾線虫症**、ドジョウのおどり食いに原因する**顎口虫症**、ネコのうんちから感染する**トキソプラズマ症**、幼犬に由来する**イヌカイチュウ症**などがあります。

中でも寿司や刺身などで魚介類を生食する習慣がある日本では、諸外国に比べてアニサキスによる消化器感染症が多く、年間500〜1000例の発生があるとされています。

アニサキス症は、アニサキスが人の胃や腸壁に侵入することで

発症します。寄生した魚介類を生で食べてから、多くが8時間以内に、おもに激しい腹痛を生じます。はき気、嘔吐などをともなうこともあります*3。

感染の予防と対策

寄生虫は加熱に弱い特徴があります。食材を「蒸す・煮る・ゆでる・焼く・揚げる」といった加熱によって死滅させることができます。

また、生野菜は流水でよく洗いましょう。

食材の冷凍処理も有効です。例えばアニサキスは、マイナス20℃で48時間以上冷凍貯蔵すれば死滅するとされています。冷凍食品の多くも安全といえるでしょう。

紫外線照射も有効とされているため、まな板などの調理器具は直接日光に当てて、乾燥させるとよいでしょう。

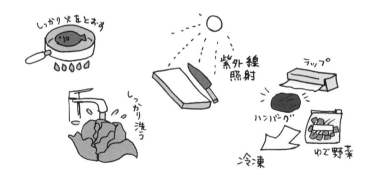

*3:アニサキスは人の体内では生きられないため、数日ほどで痛みはなくなります。なおこの痛みは、アレルギーによるものと考えられています。

06 ダニ
なぜ布団の中で繁殖するの?

布団の中はダニがいっぱいといわれ、布団クリーナーをもっている人も少なくないでしょう。ダニはまたたく間に増殖し、2〜3か月で1万匹に達してしまうこともあります。

クモに似た生き物

人の血を吸ったり、伝染病を媒介して嫌がられる生き物に、カ、ブユ、ノミ、シラミ、トコジラミ(ナンキンムシ)、ダニなどがいます。

このうちダニだけはあしが8本あり、昆虫ではありません(ほかは昆虫です)。ダニはどちらかというとクモに近い生き物で、人間の皮ふに寄生して、吸血したり特殊な病気を媒介したりします。

人間に悪さをするダニ

人体に寄生して悪さをするダニには、ひどいかゆみを引きおこす疥癬症の原因となる**ヒゼンダニ**、家屋内で人を刺しかゆみを生じる**イエダニ**や**ツメダニ**、食いついたら離れずウイルス感染症である重症熱性血小板減少症候群(SFTS)や野兎病、日本紅斑熱などを媒介する**マダニ**[*1]、ツツガムシ病を媒介する**ツツガムシ**などがいます。

室内のほこりの中にすむダニのうち、**チリダニ**やその死体、脱皮殻などが、アレルギー性気管支喘息やアトピー性皮ふ炎の原因になることもあります。

---

*1:マダニにかまれてSFTSに感染し死亡した人も出ています。SFTSはウイルスによるダニ媒介性感染症で、致死率は6.3〜30%ほどです。対症的な治療方法しかなく、有効な薬剤やワクチンがない病気で、とくに東アジア圏で猛威をふるっています。

ダニは5万種以上もいる

ダニは名前がついているものだけで世界中に約5万種、日本には約2000種います。実際はその何倍もの未発見の種がいると考えられています。

生活の場は様々です。動物にともなってくらすものは毛の間に入りこみ、皮ふを刺して血液を吸うもの、羽毛や毛をかじるもの、皮ふの下にもぐりこむもの、宿主に寄生している他の昆虫やダニを食べるものなどがいます。

植物にともなってくらすものには、木の汁を吸うもの、葉を食べるもの(**ハダニ**)、植物体の上にいて他のダニや小昆虫を捕食するもの(**カブリダニ**)、球根につくものがいます。

このほかにも、土の中にすみ落ち葉などを食べるもの(**ササラダニ**)、土中の小虫を捕食するもの、乾物や穀物、チーズ、チョコレートなど貯蔵食品や畳に発生するもの(**コナダニ**)、室内のちり中にすむもの(**チリダニ**)、それらを捕食するもの、水中に生活するものなどがいます。

家の中でダニの繁殖を防ぐには

カーペットや布団など、家の中にいるダニの多くは**ヒョウダニ**です。1年中生息し、人のフケやアカを食べて増殖します。人を刺すことはありません。

ダニは60〜80%の湿度を好みます。55パーセント以下になると生きていけないといわれていますが、最近の家は年中適温(20〜30度)に保たれ、冬でも加湿器によって湿度が下がることが少

なくなりました。小まめに換気をするなどの対策を意識し、湿気がこもらないように注意をしましょう[*2]。

ダニが卵を産むのに必要なのは「潜れるところ」です。布団はもちろん、カーペットや畳、ソファーといった場所です[*3]。

そして大好物なのがフケやアカ、髪の毛などです。布団の中はこれらが多くあり、湿気もこもるため、絶好のすみかになります。とりわけ梅雨明けから夏にかけて繁殖しやすくなります。

ダニは熱に弱いことが特徴です。天日干しや布団乾燥機で死滅させ、その後は掃除機による吸引をしてアレルギー源となる死骸などを除去するとよいでしょう。

驚異的なダニの成長スピード

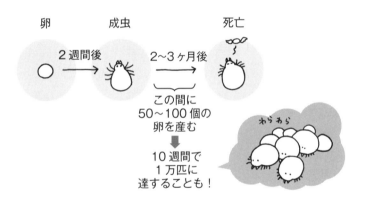

[*2]：室内で洗濯物を干すことは極力避けましょう。観葉植物なども湿気の温床となり注意が必要です。
[*3]：畳にじゅうたんを敷くことは極力避けましょう。

07 アリ[蟻]・シロアリ[白蟻]
アリはハチの仲間、ではシロアリは?

> アリもシロアリも同じ「アリ」とついていますが、同じ仲間ではありません。毒針をもつことで話題になったヒアリですが、もともとアリはハチの仲間と考えると理解しやすいですね。

ていねいな子育てが特徴

おなじ「アリ」と名前がついているこの2種ですが、共通点はそれほど多くありません。

最大の共通点は「**社会性昆虫**」ということです。親が子どもの面倒を見て、子どもが成長しても共同生活をして大きな集団をつくる昆虫の仲間をいいます。

多くの昆虫が卵を産んだ後はそのままにしますが、この2種は実にていねいな子育てをおこないます。

アリはハチの仲間

アリの体は、よく見るとハチにそっくりです。アリは、【**ハチ目・スズメバチ上科・アリ科**】に属する昆虫で、「翅(はね)がないハチ」ともいえるのです。

近年問題になっている海外からもちこまれた**ヒアリ**はハチのように針をもっていて刺しますが、国内のほとんどのアリは刺すことがありません[*1]。

[*1]:ハチは刺すイメージが強いですが、実際に刺すハチは少数派で、スズメバチ、ミツバチ、アシナガバチが主です。針は産卵管で、刺すのはメスに限られます。巣を守るために刺すことが多く、単独で飛んでいるハチはさほど危険ではありません。

アリは完全変態します。卵→幼虫→サナギ→成虫というように変化し、成虫が世話をします。ただし、親は世話をしません。

　成虫にはそれぞれに役割が決められていて、産卵専門の女王アリ、エサ探しやお世話係の働きアリ、外敵と戦う兵隊アリ、そして女王アリと交尾するために生まれてくる雄アリというように区別されます。

　アリは基本的には肉食ですが、エネルギー源としてアブラムシや植物の蜜を吸ったりします[*2]。

　行動を見ていると、エサの場所まで道筋をつけていることがわかります。**道しるべフェロモン**といい、家族の働きアリが残したにおいのようなものをたどっていくというわけです[*3]。

　巣は地中深くにつくられることが多く、多くの部屋に分かれて生活しています。巣の中は真っ暗ですが、においなどで連絡しあっているとされます。

　ちなみに、「アリ塚」はアリではなく、シロアリによってつくられます。

[*2]：アブラムシの蜜は「甘露（かんろ）」といい、アブラムシにとっては排泄物です。
[*3]：昆虫観察で有名なファーブルもこの様子を観察しています。当時はフェロモンについて理解されていなかったので、道を覚えているのではないかと考えていたようです。

シロアリはゴキブリの仲間

シロアリは「アリ」という名前がついていますが、**【ゴキブリ目・シロアリ科】**に属する昆虫で、ゴキブリの仲間です。

シロアリは不完全変態で、アリとはちがって幼虫も成虫と似たような形をしています。

アリと大きくちがうのは、名前のもとにもなっている白い腹部です。とくに産卵専門の女王の腹部は異様に大きく、大量の卵を産み続けることができるのです。

シロアリはその生活を巣穴で展開します。

主食は木で、例えば家の柱などにも平気で巣をつくり食害するため、私たち人間にはとくに嫌われていますね。

しかし自然界での見方は少しちがいます。枯れ木や落ち葉などの**セルロース**という繊維を食べて分解し、再利用可能な土の状態に戻します。死んだ樹木はそのままだとなかなか分解しませんが、シロアリによって生態系が維持されているのです[*4]。

なお、シロアリの天敵のひとつがアリです。昆虫の中でも非常に弱い部類で、外気や日光に触れることを嫌います。

---

*4：セルロースは天然の植物の3分の1を占める炭水化物で、地球上にもっとも多く存在する炭水化物でもあります。シロアリの分解能力をバイオエタノールの生成などに活用する研究もされています。

08 カ[蚊]
人の血を吸うのはオスとメスどっち？

耳元にプーンと寄ってきたり、刺されてかゆくなると不快になるのがカですね。怖ろしい病原菌を媒介するなど、人類にとってはつねに困った存在です。

なぜ人の血を吸うの？

カは、カ科に属する昆虫の総称です。全世界で約2500種、日本には103種が知られていますが、その中には私たちの生活の身近にいて刺したり、感染症を媒介したりする厄介者がいます。

カは**完全変態**をする生き物で、卵→幼虫（ボウフラ）→サナギ→成虫という順で育ちます。

最短12日ほどで成虫になる

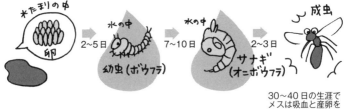

30〜40日の生涯でメスは吸血と産卵を3〜4回くり返す

人を刺して吸血するのはメスだけで、オスは植物の汁を吸っています。メスのカが吸血するのは、卵をつくるのに血液の栄養分（おもにタンパク質）が必要だからです。

私たちの体は小さな傷から出血しても、血液の凝固と血管の傷口修復で、しばらくすれば血が止まります。ところがこの止血のしくみが働くと、カにとっては、差しこんだ口器の中で血が固まってしまいまずいことになります。そこでカは、口器から唾液を送りこんで血液の凝固を抑えているのです。

血を吸うカは、私たちがはき出す二酸化炭素を感知して近寄ってきます。

　そして、人の近くに来たカは皮ふから発散されるにおいや体温、湿り気などを触角でとらえ、さらに複眼で色、形、動きを確認しつつ襲ってきます。

　刺されてかゆくなるのは、注入された唾液中のタンパク質が、人にとっては異種のタンパク質だからです。つまりかゆみは、一種のアレルギー反応によるものなのです[*1]。

プーンという羽音はどうやって出している？

　カとハチでは羽音がちがいます。これは、1秒間に羽を振るわす回数がちがうからです。

　音を出している物体が1秒間に振動する数を振動数といい、ヘルツという単位で表されます。音の高さは、音を出す物体の振動回数が大きいほど高くなります。

カは1秒間に約500回はばたくので、その音は約500ヘルツになります。一方でハチは、1秒間に約200回はばたくのでその音は約200ヘルツの振動数になります。

[*1]：かゆみの原因は、アレルギー反応によって皮ふ細胞からヒスタミンという成分が放出されかゆみの神経を刺激するためです。かゆみ止めには、ヒスタミンの働きを抑える抗ヒスタミン薬が配合されています。なお、かゆみの神経は内臓などにはありません。

カとハチではカのほうが振動数が多いので、羽音は高い音になり、プーンというあの特有な音になるのです。

世界一の殺人生物

カは感染症を媒介します。世界では、カが媒介する感染症によって、年間約75万人が命を失っていると推計されています。カは「世界でもっとも人を殺す生き物」なのです。

中でも数多くの犠牲者を出しているのが**マラリア**です。

マラリアの病原体は「マラリア原虫（げんちゅう）」です。私たち人を含む脊椎（せきつい）動物の赤血球内に寄生して、これを**ハマダラカ**が媒介します。

かつては日本もマラリアの流行地で、多数の人が亡くなりました。例えば第二次大戦時に沖縄県の波照間島（はてるま）から西表島（いりおもて）へ強制的に疎開させられた住民1671人のうち552人がマラリアに感染して命を落としています。西表島は当時マラリアの流行地だったのです*2。

現在では、日本のマラリア原虫は根絶されています。

しかし、2015年に世界でマラリアに感染した患者数は2億1200万人、死亡者が42万人を超えると推定されています。サハラ以南のアフリカにあるおよそ13か国で、世界のマラリア患者の76％、死亡者の75％が占められています（WHO発表、2016年）。

マラリア以外にも、**ネッタイイエカ**や**トウゴウヤブカ**が媒介する象皮病（ぞうひ）*3、**ネッタイシマカ**や**ヒトスジシマカ**が媒介するデング熱や黄熱病があります。

現在こうした病気は熱帯・亜熱帯地方に多いのですが、地球温

---

*2：忌避剤（虫よけ剤）の成分「ディート」は、第二次大戦中のジャングル戦の経験から戦後に米国陸軍によって開発されました。

暖化とグローバル化の進展により、海外で感染する日本人が増えており、こうした経路から国内での流行も危惧されているのです。

例えば、2014年夏には約70年ぶりにデング熱が流行し、国内で150名以上の患者がでました。このとき最初に確認された患者は東京の代々木公園で**ヒトスジシマカ**に刺されて感染した女子学生でした。

*3：象皮病はフィラリアが人に寄生したことによる後遺症のひとつで、皮ふや皮下組織が著しく増殖硬化することでゾウのような皮ふ状になります。日本でも江戸時代に蔓延し、西郷隆盛も晩年は陰嚢が人の頭大に腫れ上がっていたといわれています。

09 ハエ[蠅]
なぜハエをたたくのは難しいの？

> ハエの動きはとにかく素早く、なかなかとらえるのは難しいですね。手をすり合わせるような行動も特徴です。うんちのあるところには必ずいて不潔なイメージも強い生き物です。

手あしはとってもデリケート

ハエには、あしにも味やにおいを感じる器官があります。口だけでなく、**あしで食べ物を触ることで味覚を感じることができる**のです。

また、あしからは粘着する液体が出ているといわれています。そのため天井やガラスなどにもとまることができます。

ハエのあしはとてもデリケートで、ゴミなどが付着しているとその機能が果たせません。そのためしっかりとメンテナンスする必要があり、その様子が「手をこすり合わせている」ように見えるというわけです*1。

そもそも「蠅」という漢字は、「まるで縄を編んでいるようだ」というところからつけられたという説もあるほどです。

---

*1：小林一茶の俳句で「やれ打つな 蠅が手をする 足をする」というものがあります。「これ、たたいてはいけない。ハエが手をすり足をすり、命乞いしているではないか」という意味で、ハエのしぐさを拝む姿に見立てた歌です。「蠅」は夏を意味する季語でもあります。

ハエたたきはスローモーションで見えている

ハエは、まるでこちらの動きを予測しているかのような素早い動きをするのも特徴です。これについて、「時間感覚が人間とはちがうのではないか」と指摘する研究者がいます。

点滅している光をハエがどのくらいの速度まで認識しているか調べた実験があります。人は1秒間に45回ほどの点滅まで「点滅して」見えますが、50〜60回になると点滅を認識することができせん。ところがハエは250回でも点滅しているように見えるというのです[*2]。

つまり、私たちがハエを狙って素早く振り下ろしたハエたたきの動きは、ハエにとってはまるでスローモーションのように見えているということになります。

アクロバティックな飛行技術

そもそもハエの反応速度は圧倒的で、脅威を発見するとわずか100分の1秒で「逃げる方向を決め、その方向と反対側にあしを置いてジャンプする」といいます。

さらに自分の背後まで360度見渡せる視野角ももっています。また、1秒間に200回はばたくことができ、飛ぶ方向の転換に

[*2]：このように高頻度に点滅する光が認識できる限界頻度値を「フリッカー値」といいます。眼の疲れや、視神経の感度を測り、視神経疾患を調べることにも使われています。

はわずかはばたき1回で済んでしまうことも判明しています。

したがって、ハエが今いる場所をたたいてもハエをとらえることは難しいでしょう。動きを予測してたたく必要があるのです。

なぜうんちにたかる？

ハエは口から出した消化液によって食べ物を溶かし、それをなめることで摂取します。花の蜜や果物、うんちや死肉など何でも食べます。

うんちには、タンパク質や糖分、水分など、ハエが必要とする栄養分がたくさん残っています。

卵がかえると成虫になるまであまり移動をしません。つまり、うんちは成虫になるまで栄養を摂取し続ける場所として最適といえるのです。

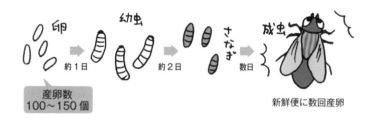

ハエは様々な病原菌も媒介します。食物や排泄物と多く接触するためです。O-157などの大腸菌やサルモネラ菌、赤痢菌など、60種以上を媒介するといわれています[*3]。

[*3]：ハエの中でもっとも身近にいるのがイエバエで、建物内に侵入する性質が強いです。イエバエは世界に広く生息し、排泄物や腐った食べ物を好み、多くの感染症を媒介します。見つけた際は殺虫剤を上手に活用するようにしましょう。

第1章 『家の中・庭』にあふれる生き物

10 クモ［蜘蛛］
家で見かけるクモは巣をつくれない?

「クモは殺してはいけない」と言われたことはないでしょうか。
家でよく見かけるクモは様々な害虫を食べ、巣も張りません。
見た目から誤解もされますが、けっこう愛らしい存在です。

人にとってはほとんどが「益虫」

毒をもつクモを除いて、ほとんどのクモは無害です。害虫を捕食することから、**益虫**ともいわれています[*1]。

クモがいるということは、クモがエサとする害虫がいるということで、エサがなくなると自然にクモもいなくなります。

網を張らないクモ

クモで思いおこすのはクモの巣（網）でしょう。ところが、巣を張らないクモもいます。あちこち徘徊して回るもの、地中生活をしているものなどです。**網を張るクモと張らないクモの割合は、およそ半々に分かれます**。

家の中でよく見かけるクモは、黒くて小さい**ハエトリグモ**とあしの長い**アシダカグモ**で、いずれも巣をつくりません。

ハエトリグモは、2個の大きな眼が目立つ1cm弱の小さいクモです。エサはコバエやダニ、ゴキブリの子などです。おとなしくて人に危害を加えることもありません[*2]。

---

*1：益虫とは、人の生活に役立つ昆虫などを指し、反対が害虫です。
*2：ハエトリグモの英名は「ジャンピング・スパイダー」で、ちょこちょこ歩き回り、飛び跳ねるのが特徴です。

自分の網に引っかからないわけ

私たちの身のまわりにはクモの巣がたくさんありますね。巣の網は昆虫などのエサを引っかけるワナですが、クモ自身はなぜ糸に引っかからないのでしょうか。

クモの糸は、すべてに粘着性があるわけではありません。

クモが網を張るときは、まず中心から放射状に伸びる縦糸を張ります。そして縦糸を張り終わってから、うずを巻くように横糸を張っていきます。この**横糸にべたべたした粘液の玉がたくさんついている**のです。足場として張っていた縦糸には粘液がついていないので、クモが踏んで歩いても引っつきません。クモは横糸をうまく避けて歩いているというわけです。

クモは縦糸、横糸以外にも、命綱にする糸、卵を包むための糸、獲物を包む糸なども出しています。いくつもの糸を使い分けているのです。

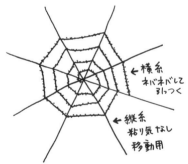

ちなみにクモの糸の強度は、**防弾チョッキに使うアラミド繊維よりも何十倍も強い**というのですから驚きですね[3]。

---

[3]：アラミド繊維は強度、防弾、難燃性、耐薬品性に優れ、自動車のブレーキパッドや海底光ファイバーの補強剤、消防用の防火服など、様々な用途に使われています。

クモは昆虫ではない

クモの体は頭胸部と腹部の2つの部分に分かれており、頭部・胸部・腹部の3つに分かれた昆虫とは大きくちがいます。

また長い**4対のあし**と**8個の単眼**をもっているのが特徴です。翅(はね)や触角、複眼はありません。

クモは世界で4万種を数え、日本でも1200種を超える種類が確認されています。

クモは糸を腹の先にある「糸いぼ」から出します。腹から糸を出す生き物はほかにいないとされています。

クモの体の構造

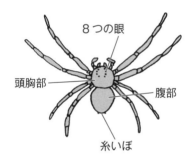

クモは体の中心に背骨をもたない**無脊椎動物**(せきつい)のうち、昆虫・ダニ・ムカデ・ダンゴムシ・カニ・エビなどと同様にあしや節、骨格をもつ**節足動物**(せっそく)に含まれます。

体の表面が丈夫な殻(外骨格)でおおわれていることで、体から水分が蒸発するのを防いでいます。

11 ゴキブリ
3億年前から変わらない「生きた化石」?

> ゴキブリは見た瞬間に嫌悪感をおぼえる人も多いでしょう。この姿・形は恐竜が現れる前から変わっていないとされ、一部は縄文時代以前から人と一緒にくらしています。

ずっと姿・形が変わらない生き物

日ごろから忌み嫌われているゴキブリは、ゴキブリ目のうちシロアリ以外の総称です[*1]。体は扁平で幅広い楕円形、多くは油脂状の光沢のある褐色または黒褐色です。

世界に3500種以上が知られ、日本産のものは8科約50種です。おもに熱帯、亜熱帯地域にいます。日本はその生息区域でいえば北側になります。寒冷の地域にはほとんど見られません。

ゴキブリは少なくとも3億4000万年前の古生代石炭紀の地層から化石が発見されています[*2]。その化石のものと今のゴキブリは、姿・形がほとんど変わっていません。つまり、「生きた化石」というわけです。

大部分の仲間は、森の奥深くにすみ、植物の腐ったところ、樹液、朽ち木をエサにくらしています。分解者として森林生態系に重要な役割を果たしているのです。

その一部が、2万年前（縄文時代の開始前）くらいから人間の身近にいるようになりました。

---

*1：海外では、日本でいうカブトムシやクワガタムシのような感覚で、飼育・愛好されているゴキブリもいます。一様に「忌み嫌われている」わけではありません。
*2：「古生代」は地質時代の区分の1つで、恐竜が現れる前です。

食器も食べる、何でもかじる

ゴキブリはものをよくかじります。フタつきの食器（五器・御器）をかじることから「**五器齧り**」といわれ、ゴキブリという名前になったようです。

家屋に侵入し繁殖を続けているゴキブリは、全体の中で1%くらいしかいません*3。

一般家庭でよく見られるのは**クロゴキブリ**です。おもに夜活動し、何でもかじり、食べます。食品を害するほか、伝染病を媒介します。

とにかく清潔にすること

ゴキブリの侵入を防ぐには、まずゴキブリの入りこみそうなすきまをつくらないことと、食品などを放置せず、食べ物カスなどのゴミを必ずフタのある容器に入れてふさぐようにすることです。

暗くて暖かい場所を好むため、電気製品の中にいることもあります。ゴキブリ駆除の薬剤も種々あるので活用しましょう。

*3：日本の主要害虫種は、ワモンゴキブリ・トビイロゴキブリ・クロゴキブリ・ヤマトゴキブリ・チャバネゴキブリの5種類です。このうちヤマトゴキブリは日本固有種ですが、それ以外は世界共通の害虫種です。

12 キンギョ [金魚]
人間が品種改良で生んだ生き物？

> 「金魚すくい」は誰もが一度はやったことがある露店の定番ですね。ペットショップなどでも見かけるキンギョですが、もともと野生には存在しません。どういうことでしょうか。

フナの突然変異種

キンギョには赤や黒、白まで様々な色合いのものがいますね。しかし卵からかえった稚魚はどの種類も黒っぽい色をしています。

金魚はもともとフナの突然変異種で、人の手によって様々にかけ合わせることで多くの品種がつくられた観賞魚です。フナは黒っぽい色をしていますが、稚魚のうちは原種のフナにそっくりなのです。生育したキンギョとフナとは姿が全く異なりますが、学名は同じです。

成長するとかなり大きくなる

キンギョはうまく育てると大きく成長し、30 cm にもなります。ただ水を入れておくだけだと水質の悪化は避けられず、砂利を入れるかろ過装置が必要になります。

また変温動物のため、20～28℃くらいの範囲に保つともっとも活動的になります[*1]。そのため大事なのは、人の手で触らないことです。36℃前後の人の体温は魚類にとっては負担なのです。

[*1]: 変温動物は周囲の気温や水温によって体温が変化する生き物です。私たち人間は恒温動物で、周囲の環境にそれほど影響されません。

様々な種類のキンギョ

もともとフナやキンギョは遺伝的変異がおこりやすく、その特徴をいかして観賞用に交配を重ねてきました。

フナの体型を比較的保っている**ワキン**（和金）のほか、ゴロンとした体型の**リュウキン**（琉金）、眼球が飛び出している**デメキン**（出目金）などが一般的です。また背びれがなくなって頭部に水泡状のコブをもつ**ランチュウ**（蘭鋳）、目の周辺にコブをもつ**スイホウガン**（水泡眼）など、じつに多くの品種がかけ合わせによって生み出されています。

しかし、品種改良によって生まれた種類は自然界では圧倒的に不利なことが多く、淘汰されてしまいます。ですから、系統を維持するためにしっかりと管理されているのです。

病気には弱い

キンギョも病気にかかります。自然界だとそれほど大きな問題にならないものでも、狭い環境で育てられている水槽内の魚にはかなり深刻なダメージになります。カビや繊毛虫など、病気の原因は多種にわたるので注意が必要です。

13 カメ[亀]
長生きの秘けつはどこにある?

なんとなくのんびり生活しているように見えるカメ。「鶴は千年、亀は万年」ともいわれますが本当に寿命は長いのでしょうか。

2億年前から甲羅を背負っている

カメは2億年以上も前[*1]から生息し、ほとんどその姿を変えていない爬虫類の生き物です。海水・淡水・陸地と様々なところに生息しています。基本的な体のつくりはどのカメも似ていて、甲羅が特徴ですね。甲羅は産まれたときからついていて、背骨が甲羅と一体化しています[*2]。

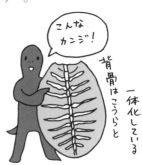

カメは肺呼吸をするため、例えば水中生活をするウミガメ[*3]でも、かならず水面に顔を出して呼吸をします。

もっとも水中では持久力があり、**活発に活動していても1時**

[*1]: 中生代三畳紀と呼ばれる地質時代で、恐竜が誕生した頃と重なります。
[*2]: 背骨がある動物を脊椎(せきつい)動物といいます。背骨と一体化した甲羅は、スッポン料理の店などに行くと見られることがあります。

間、寝ていたり活発な活動をしないときは3時間ほど息継ぎをしなくても問題ないのです。

肺は甲羅の裏側に張りつくようにあって、空気が入っていると浮き袋のようになります。

毎年脱皮をくり返す

爬虫類の仲間は体の表面がウロコでできていて、カメの場合は甲羅の1枚1枚がウロコにあたります。脱皮をしながら成長するため、小さくなった殻を脱ぎ捨てる昆虫などと似ています。甲羅のうろこは1枚ずつ順にはがれています。

例えばペットとしても親しまれているミドリガメ、本名ミシシッピアカミミガメは、雑食性で、成長すると20 cmを超えます。子どもの頃は500円玉くらいの大きさで可愛らしいのですが、成長すると大変で、将来的には特定外来種に指定される可能性が高いこともあって飼育はお勧めできません[*4]。

飼うなら覚悟が必要

カメは長寿の象徴とされています。確かに飼育記録が残っているものの中で最長は152歳です。

長生きの理由は代謝のサイクルがゆっくりだからと考えられています。夏や冬はあまり体を動かさないですし、不必要なエネルギー消費を抑えたのんびりした生活が影響しているのでしょう。

もちろんすべてのカメがそれほど長生きするわけではないですが、ペットとして飼育するにはそれなりの覚悟が必要です。

[*3]：ウミガメといえば産卵シーンが有名です。卵は卓球のボールのようにまん丸で、白い殻におおわれています。鳥類の卵とちがって殻はやわらかく弾力があります。一方、スッポンの卵などは硬い殻におおわれています。
[*4]：ミシシッピアカミミガメは、環境省による「生態系等に被害を及ぼすおそれのある外来種リスト（生態系被害防止外来種リスト）」にとり上げられています。

14 ハムスター
1日に走る距離は数十キロメートル？

> ペットとして大人気のハムスター。ところが野生のハムスターは絶滅危惧種です。どうしてそのようなことがおこっているのでしょうか。

回し車が必要なワケ

野生のハムスターは東ヨーロッパから中東、カザフスタンやモンゴル、中国などのユーラシア大陸各地に生息しています。どちらかというと寒い地域に生息し、冬眠をします。暑すぎるのも苦手で、暑い時期は涼しい巣穴の中で過ごします。

一般的な種は**ゴールデンハムスター**（シリアンハムスター）で、寿命は2〜4年です。

ハムスターは土の中に穴を掘って、いくつかの部屋を作って生活をしています。体が小さいため多くの外敵に狙われます。ですから、おもに夜に活動をする夜行性です。エサは、頬袋にためこんで巣穴にもち帰ります。エサは木の実や果物などです。

ペットとして飼育する場合は温度管理をしっかりしなければ、冬眠に入ろうとして失敗してしまうこともあるので注意しましょう。

野生のハムスターは食料を求めて、**1日に数十キロメートルも走ります**。回し車が必須なのはこのためです。

繁殖しやすいけど絶滅危惧種

ハムスターは繁殖しやすい動物です。自然界の中では、繁殖期がありますが、**飼育下では温度条件が整えばいつでも繁殖することが可能**です。一度に10匹ほども子どもを産みます。

ただ捕食する動物が多いことや、生育環境の減少で、旺盛な繁殖力をもってしてもなかなか厳しいのが現実ということです。

可愛らしい、大声を出さない、散歩もいらない、エサ代もそれほどかからないことから、ペットとしてのハムスターは大人気です。

現在のペットは、1930年にシリアで捕獲された1匹のメスから産まれた12匹の子孫が繁殖し世界に広まったものです。現存するゴールデンハムスターはすべて彼らの子孫といわれています。

お風呂に入れてはいけない

ハムスターをペットとして飼育するとき、やってはいけないことが「お風呂に入れること」です。

きれい好きな日本人はどうしても体を洗いたくなるようですが、**もともとハムスターがいた場所は乾燥地帯。湿気が大嫌いです。そして泳げません。**あの柔らかい毛は水にぬれてもいいようにはできていないのです。毛がなかなか乾かず体温が奪われてしまいます。

動物たちは自分でグルーミングをして清潔に保つように行動します。彼らのやり方にまかせましょう。

15 ネズミ［鼠］
何でもかじるのは歯が伸び続けるから？

ネズミは何でもかじってあちこちにフンをまき散らす迷惑なイメージが強い一方、実験動物としては貴重な存在です。繁殖力が強いことから「ネズミ講」などの由来にもつながっていますね。

家ネズミ3種のちがい

ネズミは、ネズミ科に属する哺乳類の総称です。

体長5〜35cmで、尾は細長く角質のウロコでおおわれて毛はほとんどありません。上下のあごに各1対の大きな門歯があり、一生伸び続けます。

繁殖力が強いのが特徴で、年に数回（1回につき5〜6匹）子どもを産み、1か月もかからずに成体となってさらに子どもを産みます。

種類は多いですが、都会や人家にすむ**家ネズミ**はドブネズミ・クマネズミ・ハツカネズミのほぼ3種に限られ、野外にすむハタネズミ・カヤネズミなどの**野ネズミ**とは分けられます[*1]。

体が大きく、尻尾の長さがそれより短い場合は**ドブネズミ**、逆に体よりも尻尾が長く、耳が顔に対して明らかに大きいものは**クマネズミ**の可能性が高いです。手のひらにのるくらい小さなねずみは**ハツカネズミ**といえるでしょう。

寿命は、ドブネズミとクマネズミが約3年、ハツカネズミは1〜1年半です。

---

*1：家ネズミと野ネズミは生物学的な分け方ではなく、家庭で被害のある家ネズミにとくに注目して、その他を野ネズミにしているようです。

ネズミは様々な被害をもたらす

家にネズミが出だすとあちこちに被害を受けます。

家の柱や壁、電線コードをはじめいろいろな物をかじります。そして雑菌をたくさんふくんだフンをまき散らします。ダニや病原菌を引き連れてきて感染の可能性を高めます。

ネズミの門歯は、一生伸び続けて、**1週間で2〜3mmほども伸びますから、物をかじって歯を削る必要がある**のです。ネズミの害の大半が、**クマネズミ**のしわざです。

クマネズミは運動が得意で、外の電線・排水パイプなどを伝って上り、簡単に家に入りこんできます。寒さに弱いので家の中に布団の綿を使ったりした巣をつくることが多く、天井裏を走り回っています。

世界的には、ネズミが穀物を食べてしまう被害が深刻です。アジアでは穀物の全生産量の20％以上がネズミに食べられており、全世界の平均をとっても、農産物の10％以上がネズミに食べられているといいます[2]。

---

[2]：国連食糧農業機関（FAO）の調査によります。

ネズミは伝染病を媒介します。例えば**ペスト**です。古代アテネやローマ帝国の滅亡は、このペストが原因だったという説があり、日本でも明治30年代に神戸・大阪・東京などで流行がありました。原因はクマネズミだったようです。

　また、ダニの一種である**イエダニ**はネズミを宿主として吸血していますが、ネズミが死ぬと新たな寄生先を探して人間を刺すこともあります。家にネズミが出た場合は駆除を検討しましょう。

マウスを実験動物として使うワケ

　医学その他の研究に用いるために飼育し、繁殖させているのが実験動物です。マウス、ラット、モルモットなどが代表的です。

　中でもよく使われるのがマウスです。

　その理由は、人と同じ哺乳類で、世代交代の期間が短く繁殖率が高い、小型で性質が比較的おだやか、同じ空間でも多数の飼育が可能、ということがあげられます。

　最大の利点は、**近交系マウス**を中心にして、様々な系統が存在していることです。

　近交系マウスとは、近親交配をくり返し、99％同じ遺伝子DNAをもつ集団のことです。オスとメスから子が産まれたら、兄妹交配もしくは親子交配を20世代以上くり返すことでつくられます。

　近交系マウスにはいろいろな系統がありますが、それらを業者から購入することができます。これで同じ遺伝子型のマウスが使えて、実験をどこで誰がやっても同じ結果になり、遺伝子レベル

[*3]：人にいい効果が期待されると、人を用いた治験に進みます。マウスなどを使って動物実験がされていても人間でどうなのかは、実際に人間で確かめてみないと本当のところはわからない面があるからです。

にまで掘り下げて研究ができるのです。

また人間の病気に類似した状態になるように人為的に操作された**疾患モデル動物**もつくることができます。例えば、先天的に高血圧のマウスをつくり出し、それを使って減塩食の効果を調べたり、新薬の効果を判定することができます。

人に対して危険が生じる可能性のある物質（毒性がある物質）は、人を実験に使えません。動物実験で推測します。

もちろん人に有用だろうという物質についても、人に適用する前にまず動物を使って調べます。

ただし、いくら同じ哺乳類といっても種の間の差がありますから、動物実験で得られた結果を完全に人に適用することはできません。それでも人に対する作用について一定の推測を与えることはできます [*3]。

「ネズミ算」と「ネズミ講」

和算のひとつに**ネズミ算**があります。吉田光由が1627年（寛永4年）に刊行した『塵劫記』という書物に次のような問題が登場します。

「正月に雌雄2匹のネズミが12匹の子を産み、2月にはその親子のネズミ七つがいがそれぞれ12匹の子を産み、毎月このようにネズミが増えていくと12月には何匹になるか」

答えは、なんと276億8257万4402匹です。

急激に数が増えることを「**ネズミ算式に増える**」といい、これをモデルにした「ネズミ講 [*4]」があります。

[*4]：正式名称は「無限連鎖講（むげんれんさこう）」です。「無限連鎖講の防止に関する法律」（通称ねずみ講防止法）で禁止されています。似たものにマルチ商法（連鎖販売取引）がありますが「ねずみ講まがい」などといわれることがあります。

16 ネコ[猫]
野生ネコは簡単に見分けられる?

> 愛らしい表情が魅力のネコは、いま世界的なブームになっているといわれています。しかしもともとは根っからのハンターで、ネコによって絶滅を危惧される動物も出ているほどです。

欲に忠実なネコの生活

ネコは「ツンデレ」という言葉がぴったりなほど気ままに生きているように見えるのが特徴ですね。おまけに「猫の手も借りたい」という言葉があるように、イヌとちがって人の手伝いをしてくれるということもありません[1]。

ネコは根っからのハンターです。家で飼育しているイエネコも、野生のハンターとしての名残があります。

例えば自分の体長の5倍ほども軽々とジャンプできたり、ものすごく高いところから飛び降りても平気だったりするのも、かつてのハンターとしての能力が影響しています。

また、空腹でどうにもならないときには飼い主をおこしに来ます。イヌとはちがい、**忠誠心よりも欲に忠実**なのです。

ネコのひげは前あしにもある

ネコには立派なひげが生えています。このひげの根元にはたくさんの神経が通っています。ネコはもともと暗闇で物を見る能力

---

[1]:ネズミをとるともいわれますが、家にいるネコには関係がありませんし、そもそもネズミがいなくならないことを考えると、それほどとるわけでもないのかもしれません。

はかなり高いですが、ひげも暗闇での行動に補助的に役立っています。物にぶつかることなく走り回ることができるのはそのためです。このひげは空気の流れを感知するほどの敏感さといわれています。

また目の上のひげはまぶたの神経に直結していて、あの大きな目を外傷から守るのです。ひげに何かが触れると瞬間的に閉じるようになっています。

よく観察すると、ひげは前あしにもあります。狭いすきまでも物を踏むことなく歩くことができるのはこの足のひげの情報によるのです。

野生のネコとイエネコの見分け方

野生のネコ科動物と、ペットのイエネコとを見分ける方法があるのをご存じでしょうか。それは、耳の裏側にある白い斑点です。この斑点を**虎耳状斑**(こじじょうはん)と呼びます。

ライオンやトラなど、野生のネコ科動物の多くにはみんなこの白い斑点が存在します。ぜひ動物園などで観察してみましょう。

耳の裏側にある
虎耳状斑(こじじょうはん)(白い斑点)

虎耳状斑は、見通しのきかない森林の中で、子どもが親のうしろをついて歩くのに目印にしたり、仲間の認識に使われているといわれています。

17 イヌ［犬・狗］
なぜ1万年も前から家畜化できたの？

> イヌはオオカミからつくられました。およそ2〜3万年前にはオオカミが人と一緒にくらしていて、人間がもっとも古くから家畜化した動物だといわれています。

イヌの品種（犬種）は何種類？

イヌの品種のことを犬種といいます。

現在、世界には非公認犬種を含めて700〜800の犬種があるといわれています[1]。

私たちに身近なのはペットとして飼われる「愛玩犬」ですが、イヌの多くは、猟犬・牧羊犬・牧畜犬、番犬・救助犬・護衛犬などの働くイヌです。猟犬には、すぐれた視覚と走力で獲物を追ってしとめるイヌ、においで獲物を追うイヌ、猟師がしとめた獲物を回収するイヌなど、様々な特徴をもつイヌがいます。

すべてオオカミ1種からつくられた

チンやチワワのような小型の愛玩犬、番犬や救助犬に使われるドーベルマン、オスで110kg余、メスで90kgにもなるもっとも大型のイングリッシュマスティフなどいろいろな犬種が祖先をたどるとオオカミ1種からつくられました。

オオカミは、人間の食べた残り肉などを求めて、人間のまわりにいたとみられています。オオカミにとっても敵である大型肉食

---

[1] 世界の犬種は、ヨーロッパを中心に多くの国が加盟している世界畜犬連盟（FCI）が344犬種を公認しています（2017年7月現在）。日本では一般社団法人ジャパンケネルクラブ（JKC）が、FCIの公認344種のうち198犬種を登録しています。

獣が近づけば、うなり、吠えました。

人間にとっては大型肉食獣からの防衛になるためオオカミを飼い始めたのでしょう。1万年前頃の遺跡からイヌの骨が急に多く出るので、その当時にイヌの家畜化が完成したと思われます。

イヌとして家畜化されてからは、人の移住にともなって世界中に拡散していき、その土地その土地でオオカミなどとも混血し、品種改良されました。そうして多くの品種を生じていったものと考えられています。

品種改良は、欲しい特徴を備えているオスとメスを交配させ、生まれた子の中から、もっとも理想に近いオスとメスを選んで、さらに交配させて、何代かこれをくり返していきます。その結果、人が望む特徴をもった家畜になります。

つまり、人間が品種改良をして、顔の形、毛色、大きさ、性格がいろいろな、たくさんの犬種がつくられたのです[*2]。

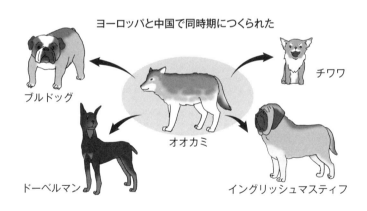

ヨーロッパと中国で同時期につくられた

ブルドッグ　チワワ　オオカミ　ドーベルマン　イングリッシュマスティフ

[*2] なお、わが国で「犬」の語が最初に文献に現れるのは『古事記』の下巻からです。上代にはすでに猟犬や番犬用のイヌを飼育するための「犬飼（養）部（いぬかいべ）」が存在していました。

家畜化しやすかったワケ

オオカミは、もともと群れで狩りをする動物でした。群れの中でも順位がわりとはっきりしており、リーダーを中心にした主従関係があります。統制がとれた動きをします。

大人のオオカミは人になつきにくいので、はじめはオオカミの子をペット的に飼ったことで、人間との主従関係が生まれたのではないかと想像できます。イヌにとって、人間は自分より順位が上で従うべき存在になったのです[*3]。

すごい嗅覚

イヌがもつ嗅覚の能力は、オオカミ時代から受け継いだものです。

オオカミは集団でくらし、集団で獲物を追いかけます。傷ついた動物や、群れから離れた草食動物をひたすら追い続けます。そして、相手が疲れたり、周囲を包囲できたときにみんなで襲います。

目の前にいない獲物も、風で運ばれてくるにおいや、数日前の足跡に残るにおいをたどります。見えない獲物を追い続けるには、においが唯一の手がかりになるのです。

イヌは、数日前に道路についた靴のにおいまで感じることができます。なぜでしょうか。

イヌの鼻先はぬれています。そこで風向きでにおいの方向がわかります。鼻の中にある「嗅粘膜」はヒダが多く、人の数十倍の

[*3] ただし、イヌのしつけに失敗するとそうもいきません。「自分の気に入った場所から離れない」「口にくわえたものをはなさない」「言うことをきかない、無視するようになる」など、イスのほうが順位が上だと思われることもあります。

面積があり、とても広いです。においの分子は、そこにたくさんある感度が高い嗅細胞で受けとられ、さらにたくさんの嗅神経からその情報が大脳に送られます。

イヌの嗅覚は人の百万倍、最大では1億倍あると考えられています。ただし、下記の表の通りにおいの種類によってちがいがあります。[*4]

人と比較した犬の嗅覚

臭気の種類	倍率
酸臭	1億倍
吉草根(きっそうこん)の香気	170万倍
腐敗バター臭	80万倍
スミレの花臭	3000倍
ニンニク臭	2000倍

(参照:日本警察犬協会　http://www.policedog.or.jp/chishiki/kankaku.htm)

オオカミから受け継いだ本能・習性

イヌがオオカミから継承した本能には、繁殖本能、社会的本能、自衛本能、逃走本能、運動本能、栄養本能などがあります。

例えば、オオカミが集団で組織的に狩猟をおこなうときの本能・習性を見てみましょう。

ときには巣穴から遠く離れた所まで獲物のにおいをもとに追いかけ(捜索本能)、発見したときには、逃げる獲物を捕まえようと

[*4] 警察犬が人の足跡からにおいをたどる場合、汗に含まれる「揮発性脂肪酸」を感知しているといわれています。

走り（追跡本能）、捕った獲物を巣穴に運んで（持来本能、帰巣本能）、子に与えたりします。イヌが動くものを追いかける行動はこの狩猟行動に由来するものなのです。

警察犬が嗅覚を使って犯人を追う（**捜索本能**）のも、走る人や自転車などを追いかけたり（**追跡本能**）、投げたボールをくわえてくるのも（**持来本能**）、すべてオオカミ時代に由来した狩猟をおこなう際の本能（**捕食性行動**）に由来するものです。

ただし、この行動は犬種や個体差がかなりあり、すべてのイヌが同程度の行動をとるわけではありません。

コラム
1 変化する生物の分類

　分類学の父と呼ばれるスウェーデンの**カール・フォン・リンネ**は、生物の学名を属と種の2つに分け、ラテン語で記述することを決めました。その後も様々な分類の方法が検討されていますが、命名法については、この方法に習っています。

　もともと植物学者だったリンネは、そのうち動物の命名にもはげみ、のちに鉱物の勉強をし、その命名も積極的におこないました。今では不思議な感じもするこの流れですが、当時は自然に存在するものを「動物」「植物」「鉱物」の3つに分けていたのです。

　生物に関しては動物と植物の2つしかありません。その観点でいくと、例えば「活発に動くものは動物だ」という考え方になってくるはずです。

　例えば、いろいろなものに含まれてすっかり有名になったユーグレナ（ミドリムシ）を考えてみましょう。たしかに顕微鏡で観察すると「緑色で虫のように動きまわり」ます。緑色なのは葉緑体をもっているからです。つまり光を受けて栄養分を自分でつくり出すことができるのです。これは動物でしょうか？ 植物でしょうか？

　このように、古典的な考えで「動物でも植物でもない」生物は身のまわりにいくらでもいます。

　現在の分類の方法はDNAの塩基配列や、タンパク質内のアミノ酸配列など、分子レベルで見直されてきています。分類学は歴史の長い学問ですが、ちょうど今、もっとも大きく変化している時期でもあるのです。

第2章
『公園・学校・市街地』にあふれる生き物

18 ダンゴムシ［団子虫］
迷路の中を迷わずゴールできる？

> ダンゴムシは湿った暗い場所が好きで、植木鉢をもち上げるとたくさんいることがあります。枯れ葉などを食べ、いい土にしてくれます。

枯れ葉や石の下にすむ

ダンゴムシは、ダンゴムシ科の節足動物です。身近にいるのは**オカダンゴムシ**[*1]で、体長は1.5 cmほど、体には腹部の節が7つありこれに2本ずつ合計14本のあしがついています。一つひとつの節はかたい甲羅のようになっていますが、節と節はうすい皮でつながっているだけです。

体色は灰黒色で、刺激を受けると体を丸め、団子を思わせるのでこの名があります。

身を守るために丸くなる

丸くなると、弱い頭や節と節のあいだは、どちらも丸の中に入ってしまい玉のようになります。こうなると、ほかの虫が食べようとしてもかたいところばかりで、なかなか食べることができないのです。

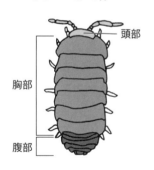

ダンゴムシの体
頭部
胸部
腹部

[*1]：海岸の湿った砂地にすむハマダンゴムシもいますが、オカダンゴムシを一般にダンゴムシと呼んでいます。もともとは日本に生息していなかった外来種です。

ダンゴムシが丸くなるのは、このようにまわりの敵から自分の身を守るためです[*2]。

ダンゴムシを育てる場合は、霧ふきを使って土などが乾かないように注意します。エサは落ち葉やにぼしなどを与えます。

交尾をしたダンゴムシはお腹がわにある「保育のう」という袋に50〜100個ほどの卵を産みます。

卵は1か月ほどでかえりますが、すぐに袋からは出てきません。自分で歩くことができるようになると袋から出て、脱皮をくり返しながら、3年以上生きるともいわれています。

左右交互に曲がる習性

ダンゴムシは障害物にぶつかると、左右交互に曲がる習性があります。これを**交替性転向反応**といいます。例えば迷路の中を歩いてカベにぶつかり、はじめに右に曲がったとします。すると次のカベでは左へと曲がります。こうして歩けば、迷路を歩いてもゴールにたどり着くというわけです。

これは、暗い土の中で過ごすことが多いダンゴムシが、合理的に動きまわれる習性なのだと考えられています。

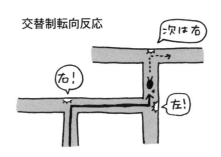

交替制転向反応

---

*2：姿・形がきわめて似ているものにワラジムシがいます。生活環境や食べ物などもほとんど同じですが、触っても丸まらず、動きが素早いことが特徴です。ダンゴムシとワラジムシはともに「ワラジムシ亜目」に属す陸生の甲殻類です。フナムシも同じ仲間です。

19 ハチ［蜂］
怖いのは毒ではなくアレルギー反応？

> ハチといえば刺されるので怖い、というイメージをもつ人が多いでしょう。実際に日本では、年間20人ほどがハチに刺されて亡くなっています。とくに凶暴なのがスズメバチです。

もっとも凶暴なスズメバチ

日本で人を刺すことがあるハチは、おもにスズメバチ、アシナガバチ、ミツバチです。ハチは集団で生活する「社会性昆虫」で、おもに巣を守るため、集団で刺してきます[*1]。

とくに凶暴なのが**スズメバチ**です。ハチの中でも最大級の大きさで、毒針から毒液を飛ばします。毒液がある限り、何度でも刺します。

人を襲うハチはほとんどがキイロスズメバチかオオスズメバチで、とくにキイロスズメバチは「都市型スズメバチ」といわれています。

キイロスズメバチが都会にすみつくようになったのはオオスズメバチから逃げて都会を新天地にしたからです。都会には天敵がいません。自動販売機の普及で樹液の代わりに糖分の多い飲み残しが簡単にとれたり、生ゴミから、肉や魚など幼虫のエサにできるものもたくさんとれます。軒下や屋根裏にボールのような巣をつくって雨風を避けることもできます。こうして、キイロスズメ

[*1]：刺すのはメスに限られ、オスは刺しません。

バチは都会でわが物顔でくらしているのです。

スズメバチの最大種が**オオスズメバチ**です。肉食性でカマキリ、イモムシ、大形のコガネムシなどをとって幼虫に与えます。とくに秋には、新しい女王バチを育てるときに多量のタンパク質を必要とするため、働きバチの集団がスズメバチやミツバチの巣を襲うこともあります。数時間の死闘ののち相手側の成虫をかみ殺して全滅させ、巣内の幼虫を根こそぎ奪いとってしまいます。

毒の量は微々たるものだが

ハチに刺されても、毒の量は人間にとっては微々たるものです。死に至る危険があるのは毒そのものではなく、ほとんどが**アナフィラキシーショック**（激しいアレルギー反応）による急激な血圧低下と上気道の腫れによる呼吸困難が原因です[*2]。

ハチ毒へのアレルギー反応がある人は約1割ともいわれています。ですからハチに刺されたら、傷口から毒をしぼり出して流水で洗い、冷やしながら速やかに医師の手当てを受けるのが賢明です。死亡例は、医師が近くにいない山村であることが多いのです。

ハチは一度刺したら死ぬ？

「ハチの一刺し」という言葉があります。これは、「ハチは1度刺したら死ぬ」ことを意味しています。

しかしこれが当てはまるのは**ミツバチ**だけで、**ミツバチ以外のハチは何度でも刺せる針をもっています**。

ミツバチの針にはノコギリのようなトゲがあり、刺すと抜け

[*2]：刺されるとスズメバチと同じくらい痛むのがアシナガバチで、スズメバチ同様にアナフィラキシーショックを引きおこします。ただ性格はおとなしく、巣に近づかなければ刺されることはないでしょう。

せん。無理に抜こうとすると腹部がちぎれてしまい、死んでしまうのです。ミツバチが刺すときは、文字通り「最後の手段」というわけです[*3]。

ミツバチの巣は、ハチの巣の中でももっとも大きくなります。1つの巣で数千〜数万匹が大集団で生息しています。

私たちの生活に欠かせない益虫

ハチは世界中に10万種以上が知られる大きなグループです。

花粉を媒介したり、作物の害虫を食べたり、害虫のからだに寄生したりして、生態系や人間の生活にはかりしれない利益をもたらしています。

とくに**ニホンミツバチ**や**セイヨウミツバチ**は受粉や蜂蜜の採取のため養蜂され、農業や食などの面で、私たちの生活と密接に関係しています。

【豆知識】ハチミツは1歳をすぎてから

ハチミツは、一般的に包装前に加熱処理をおこなわないため、ボツリヌス菌が混入している場合があります。1歳未満の乳児が食べると乳児ボツリヌス症にかかることがあり、死亡例もあります。

通常は摂取しても腸内細菌との競争に負けてしまいますが、乳児は腸内細菌が整っておらず、菌が腸内で増えて毒素を出すためです。

なお、1歳以上になれば気にすることはないでしょう。

[*3]：ミツバチの針は皮ふから抜けにくいため、ピンセットで抜きとります。毒液は強いにおいを発して仲間を呼び寄せるためよく洗いましょう。なお、ミツバチは殺虫剤に耐性があり、巣に散布すると飛び出してきて収拾がつかなくなるため注意が必要です。

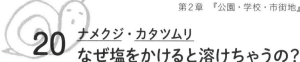

20 ナメクジ・カタツムリ
なぜ塩をかけると溶けちゃうの？

じめじめした梅雨の時期に似合うのがナメクジやカタツムリですね。塩をかけると「溶ける」といわれたりしますが、これは浸透圧による現象です。どういうことでしょうか。

触角が1本欠けるだけで大変

ナメクジもカタツムリ（デンデンムシ、マイマイ）も分類上は同じ仲間です。陸にすむ巻き貝のうち、殻のあるものがカタツムリ、殻のないものがナメクジです[*1]。

目はどちらも柄の先についています。目があるほうが大触角、ないほうが小触角で、この4本の触角を使って周囲の情報を得ています。**1本でも欠けるとまっすぐ進むことすらできなくなります**が、数か月で再生します。

サザエやタニシなどの巻き貝とのちがいは、「殻のフタ」です。**カタツムリには殻があってもフタはありません**。ですから、乾燥に耐えなければいけないときには粘膜で膜を張るのです。

食べ物はどうやって食べている？

カタツムリやナメクジを透明な板の上に乗せて、下から見てみましょう。口の部分が黒っぽくなっています。ここに「歯」があるのです。とはいえ私たちのような歯ではなく、歯舌というヤスリのようなものです。これで食べ物の上を歩き、こそげとって食

[*1]: じつはナメクジの一種にも痕跡のような殻があります。そう言う意味でも両者はほぼ同じということになりそうです。

べるのです。よく観察すると、石などに生えたコケのようなものの上に、カタツムリの食痕が見られます。

うんちは食べたものの色で出てくるので、いろいろなものを食べさせて観察してみるとおもしろいです。

実際は溶けているわけではない

ナメクジやカタツムリに「塩をかけると溶ける」という話を聞いたことがあるでしょう。どうしてなのでしょうか。

まず「溶ける」というのは誤りで、実際はそのように見えるだけで、**「干からびている」のが正解**です。この現象に関係するのが**浸透圧**です。

例えば「青菜に塩*2」という言葉があります。

今までピンピンしていたはずの青菜に塩をかけると、内側の水分がどんどん出てきてシナシナになってしまいます。これは内側と外側の塩分濃度が同じになろうとするためにおこる現象です。**内側の水分がどんどん引き出されて、外側の塩を薄めようとする**のです。この「水が移動しようとする力(圧力)」を浸透圧といいます。

ナメクジに塩をかけると内側の水分がどんどん外に引き出されて、まるでミイラのように縮んでしまいます。これが「溶ける」といわれる現象です。

実際は溶けているわけではないので、すぐ水をかけてやれば復活します。これはナメクジだけでなく、カタツムリも同じです。

---

*2:新鮮な青菜でも塩をかけると水分がなくなりしおれてしまうことから、元気があった人が勢いをなくし打ちひしがれる状態をいう。

第2章 『公園・学校・市街地』にあふれる生き物

21 ミミズ
夏の炎天下で干からびているのはなぜ？

進化論をとなえたチャールズ・ダーウィンが生涯をかけて研究した生き物、それがミミズです。姿を見せるのは夏の炎天下や大雨のあとが多いですが、土の中で大事な役割を担っています。

どっちが頭でどっちがお尻？

ミミズには目も耳もありません[*1]。ただし、光や振動を皮ふで感じとることはできます。手やあしもありませんが、体節というふしがあり、これを伸び縮みさせて動きます。

頭とお尻の区別はパッと見ただけではわかりませんが、色の白い環状の部分（環帯(かんたい)）に近いほうが頭です。頭部には口がありますが歯はありません。小さいながら脳もあります。

ミミズは1匹でオスとメス、両方の機能をもちます。これを雌雄同体(しゆうどうたい)といいます[*2]。体の中にオスの部分とメスの部分があるのです。

とはいえ1匹だけで子をつくることはできません。別のミミズと逆さに並び、相手の精子を受けとって、2匹とも卵を産みます。

[*1]：「目みえず」から「メミズ（目見ず）」に転じ、「ミミズ」になったといわれています。
[*2]：ミミズのほかに、カタツムリやナメクジも雌雄同体です。

卵は、長さ数ミリメートルのレモン型です。

　日本で一般的に見られるミミズは**シマミミズ**で、体長10 cmくらいです。もっとも大きいものは**シーボルトミミズ**で、長さ30〜40 cm、太さ1.5 cmになります[*3]。

その仕事ぶりはダーウィンをとりこにした

　ミミズは、地表から10〜12 cmぐらいの深さのところにすみ、落ち葉などの植物が枯れて腐りかけたものを食べています。

　そのとき、枯れ葉と一緒に土も飲みこんでフンを出します。

　1日にミミズがするフンの量は、体重の2分の1から体重と同量に達します。ミミズ1匹がするフンの量はわずかでも、土の中で生活するミミズ全体で考えると大変な量になるのです。

　このミミズの生活を40年間も研究した19世紀の生物学者がいます。進化論で有名な**チャールズ・ダーウィン**です[*4]。

　ダーウィンによると、例えばイギリスのニースというところで、約1年間に採集されたフンは、1エーカー（約1200坪）あたり14.58トンにものぼったそうです。

　また、この働きのために、大きな石が年々沈んでいったり、古代の遺跡も少しずつ埋没していったといいます。

　ミミズは、腸から出るねばねばした液で土を固めた団粒（だんりゅう）という小さな粒状のフンをします。すきまが多くお団子がたくさん集合したような形で、「**団粒構造**」とよばれます。

[*3]：世界最大のミミズは南アフリカ産のミクロカエトウス・ラビという種で、長さ7.8 m、重さ30 kgにもなるといいます。
[*4]：ダーウィンは『ミミズと土』という名著も残しています。

すきまがたくさんあることで、水や空気の通りがよく、植物の根にとっても居心地のいい環境をつくります。

また、一つひとつのお団子の中に水をとじこめておけるため、土がすぐに乾いてしまう心配がなくなります。そのうえフンの中には落ち葉から出た土の養分がどっさりと入っているのです。

ミミズがつくる団粒構造の土

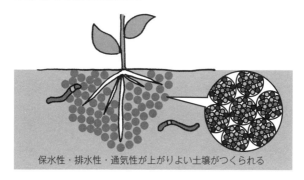

保水性・排水性・通気性が上がりよい土壌がつくられる

夏の炎天下に地上へ出てくるのはなぜ？

夏になるとアスファルト上にミミズが干からびている姿をよく目にします。もともと土の中にすむ彼らは、なぜ地上に出てくるのでしょうか。

ミミズは呼吸を皮ふ全体でおこなっています。**土が強い太陽光を受けて熱くなったとき、体温調節のできないミミズは必死に地上へはい出してきてしまうようです**。また大雨が降ったあとにも出てくることがありますが、これは土の中が酸素の少ない雨水で満たされ、息苦しくなるためではないかと考えられています。

22 チョウ[蝶]・ガ[蛾]
イモムシとケムシ、チョウとガのちがいは何？

> チョウはきれいな模様があって昆虫採集でも人気ですが、ガは嫌われものです。イモムシは可愛らしいですが、ケムシは気持ち悪いと感じる人が多そうです。ちがいは何なのでしょうか。

ケムシからもチョウになる？

小学校の理科の教科書には「アオムシ(青虫)を育てよう」という項目があります。キャベツをあげて育てたことがある人も少なくないでしょう。一方アオムシ(一般にはモンシロチョウの幼虫)やイモムシとちがい、ケムシ(毛虫)は嫌われものです。

ただ、アオムシがチョウになり、ケムシがガになるときまっているわけではありません。ケムシからチョウになる種もたくさんいます。また、少し毛が生えたイモムシもいて、明確な区別はありません。

チョウは昼、ガは夜に飛ぶ？

チョウもガも、大きな4枚の翅(はね)をもっています。「チョウは昼に、ガは夜に飛ぶ」といわれることもありますがそんなことはありません。昼間チョウに混じって飛んでいるガはたくさんいます。

「きれいなのがチョウ、汚いのがガ」などというのも誤りで、よくよく見ればどれも美しいものです。

つまり、**チョウとガは厳密に分けることができない**のです[1]。

---

[1]: チョウもガも、幼虫は3対6本のかぎ爪と何対かのイボあしをもち、大きな複眼といくつかの単眼をもっています。この幼虫はやがて脱皮してサナギになります。そのとき、繭(まゆ)をつくるもの、そのままぶら下がるものと様々です。

ガは「チョウではないすべて」

では、チョウとガのちがいはいったい何なのでしょうか?

昆虫の仲間のうち、チョウやガは同じ【チョウ目（鱗翅目）】に分類される仲間です。**チョウ目は日本に約5000種いて、そのうちの250種がチョウ、その他はすべてがガ**ということになります。これだけ種類も豊富ですから、厳密に分けていくとどんどん例外が出てくるのです*2。

成長過程は「完全変態」の典型

生き物はその種によって、様々な成長過程をとります。

チョウやガの場合は、卵から幼虫、サナギを経て成虫へと変態していきます。これを**完全変態**といいます。ほかに、ハチやハエなども同様です。

各形態には、それぞれの「目的」があります。**幼虫は「食べること」、サナギは「体の大改造」、成虫は「種を残すこと」**です。

とりわけサナギの中では、体の大部分をいったん壊し、再組成しています。一部の器官を残して、ドロドロになります。

ガの完全変態

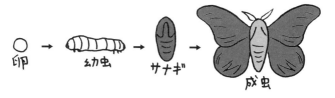

*2：日本に限ると、もっとも正確に見分ける方法は触角の形にあります。「棍棒（こんぼう）状になった触角をもっているのがチョウ、まっすぐ伸びていたり櫛（くし）状になっているのはガ」という見分け方です。ところがこれにも例外は存在します。

人を刺すケムシ

幼虫の体に毛が多いものをケムシ、毛の少ないものをイモムシといい、ケムシは全体の2割ほどです。人を刺すケムシは、そのうちの2％程度です。

身近にいるケムシで被害が多いのは**チャドクガ**という種で、毒針毛をもちます。幼虫は4〜6月と8〜9月の年2回発生し、ツバキやサザンカ、茶などのツバキ科の植物に群生し葉を食べます。なお、ケムシだけではなく、卵、サナギ、成虫ともに毒針毛をもつため注意が必要です。

毒針毛は目に見える体毛ではなく、0.1mmほどの微細なもので、数十万本あるといわれます。表面にはトゲがあるため抜けにくくなっています。

症状はヒリヒリした痛みと、2〜3週間ほど激しいかゆみが続きます。刺されたときの痛みはほとんどなく、あとから症状が出てくるのでやっかいです[*3]。

毒針毛は被害にあった際の衣服にも付着していたり、殺虫剤をまいたあとの死骸にもあるため注意しましょう。

---

*3：刺された際は、こすったりかいたりしてはいけません。セロテープなどで毒針毛をとり除き、よく水で流します。症状がひどいときは皮ふ科で受診しましょう。

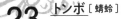

23 トンボ[蜻蛉]
地球史上最大の昆虫はトンボだった?

> トンボは高速で飛ぶのはもちろん、急停止やホバリングをおこなうことができます。トンボの祖先は、恐竜が現れる前から生息し、かなり大きな体をしていたようです。

水中から空へ

トンボの幼虫をヤゴ(水蠆)といいます。ヤゴは水中で生活し、あごを伸ばして獲物をつかまえる肉食動物です。

羽化の時期になると茎や壁などを登って、体を固定し脱皮します。トンボにはサナギの時期がありません。このような変態の仕方を**不完全変態**といい、バッタやセミなども同様の変態をします。

トンボの不完全変態

卵 → 幼虫 → 成虫

トンボの目はいくつある?

頭部のかなりの部分をしめるのが**複眼**です。

トンボの複眼には2万個を超える個眼が密集していて、視野は270度ともいわれています。ものの形や色を見分けます。

また、顔の正面には**単眼**とよばれる目も3つあります。この目によって明るさを感じることができます。

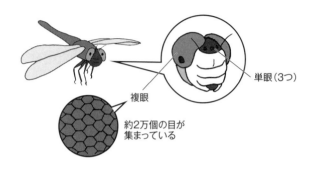

本当に目が回るの？

　ところでトンボをつかまえるのに指をグルグル回した経験がある人も多いでしょう。目が回って動きにくくなることを狙っているようですが、じつは効果のほどはわかっていません。

　たしかに警戒心がそれほど高くないアキアカネやナツアカネといった赤とんぼの仲間は、指の動きに合わせて頭部を動かします。しかしそれは、動いているものを察知して、注視しているだけとも考えられます。目が回っているという証拠はないのです。

翅（はね）と筋肉

　オニヤンマ[*1]などの大型のトンボでもそれほど重たいわけではありませんが、空中を飛ぶには重力に逆らう必要があります。

　透明の薄い翅でその力を生み出すには様々な工夫があります。まず翅の強度です。ヤゴの時代には小さく折りたたまれていた翅

[*1]：オニヤンマは日本に生息する最大のトンボで、成虫の腹長は7〜8cmほどです。

は、体液が行き渡るとしっかり伸びます。そしてやがて固まり、まるでタワーのトラスのようにしっかりと翅自体を支える翅脈になります。トンボは4枚の翅をもっています。その翅を動かす筋肉が胸部にぎっしりつまっているのです。

ホバリングの技術

もし人がプールで両手を上下に動かすと、どうなるでしょう。体も反対に上下してしまいますね。

ところがトンボは翅を上下させながらも、静止することができます。空中で静止することを**ホバリング**といい、4枚の翅をたくみに動かしてこれを可能にしています。

具体的には、前の翅とうしろの翅の動き方を変えることで飛行を安定させています。前をふり下ろすときは、うしろをふり上げ反動を打ち消しているのです。

また、前翅を垂直にふり下ろし、うしろ翅はひねるようにしているなど、かなり繊細で巧妙な動きをします。

史上最大の昆虫

史上最大の昆虫は、トンボの祖先である**メガネウラ**です。全長が65 cmにも達していたようです。約2億9000万年前の古生代石炭紀末期（恐竜が現れる前）に生息し、日本では**ゴキブリトンボ**ともよばれます[*2]。

なお、現在のトンボのようなホバリングの技術はなかったと考えられています。

---

*2：なおゴキブリは、古生代石炭紀から現在まで姿・形をほとんど変えていません。詳細はゴキブリの項目を参照してください。

24 トカゲ・カナヘビ
どうやって自分の尾を切るの？

> 爬虫類の中でもとくに身近にいるのがトカゲやカナヘビです。危険なときに自分で尾を切り、また再生します。似たもの同士の2種はどうやって見分けたらよいのでしょうか。

爬虫類の体表はウロコ

現生の爬虫類[*1]には、ヘビやワニ、カメ、ヤモリ[*2]、トカゲ、カナヘビなどがいます。これら爬虫類の特徴は、卵を産んで増えること、変温動物であること、そして体表がウロコであることなどです。

身近にいるトカゲとカナヘビですが、外見は少しちがいます。カナヘビはウロコが目立っていて、艶もありません。ところがトカゲは艶やかで、ウロコもとても小さく目立ちません。また幼体のトカゲは尾の部分に青っぽい金属光沢があります。

==尾はカナヘビのほうが圧倒的に長く、体の3分の2ほどもあります==。トカゲは半分ほどなのでその差は歴然としています。

なぜ自分で尾を切るの？

この2種類のもうひとつの特徴は「切れる尾」でしょう。外敵に襲われるなどして命の危険が迫ると、尾の先端部分を自ら切り落とす行動です（これを「自切」といいます）。==尾には自切面という切れ目があり、そこで切れやすくなっている==のです。

[*1]：爬虫類の「爬」は、「地をはう」の意味です。
[*2]：名前や姿が似ているイモリは両生類で、水中で生息します。

切り落とされた尾はしばらくピョコピョコと動きます。敵がそちらに目を奪われている間に逃げるというわけです[*3]。

舌でにおいをキャッチする

つかまえるチャンスがあったら瞬きの様子を観察してみましょう。**まんまるの目には瞼がある**のです。しかし目の閉じかたを見ていると、両者では大きくちがうことがわかります。カナヘビは下から上に、トカゲは上下して中央部分で閉じます。まつ毛はありませんが、瞬く瞬間はなかなかキュートです。

ペロリと舌を出すこともあります。舌を出すことで空気中のにおい成分などをキャッチして、口の中にある**ヤコブソン器官**（鋤鼻器）というところで確認しているのです[*4]。

よく見ると、カナヘビは舌の先が二股に分かれ、トカゲはまっすぐ1本です。

トカゲ　カナヘビ

卵の殻は柔らかい

それぞれの産卵方法は少しちがいます。カナヘビは枯れ草などの上に産みっぱなしですが、トカゲは土の中などに産卵した後、しばらくメスが守ります。

鳥類の卵とちがって、柔らかい殻の卵は、中の幼体の成長に合わせてパンパンに膨らんできます。やがて中から親と同じ形の子どもが産まれてくるのです。

[*3]：切れた部分は出血することもなく、多くの場合は再生します。ただ再生するのは筋肉や表皮で、骨は再生しません。また、自切でない場合は切れ目ではないので再生しません。
[*4]：ヤコブソン器官は人間にもありますが、ほとんど使われず退化しています。

25 スズメ［雀］
なぜ毎朝チュンチュン鳴いてるの？

> 私たちのもっとも身近で生活している小鳥といえばスズメでしょう。体長はおよそ15cm、体重20～25グラムほどで、日本では「ものさし鳥」といわれる基本種です[1]。

最近あまり見なくなった？

ここ20年ほどでスズメの生息数は半減したといわれています。その明確な理由はよくわかっていませんが、スズメの繁殖の様子に関係しているようです。

スズメは建物のすきまなどを利用して巣をつくります。最近の家にはそのようなすきまが少なくなったことで、なかなか効率よく繁殖できなくなったのではないかと考えられています。

古くから人間の近くで生息していますが、警戒心が強く、人が接近するとすぐに逃げ出します。

体の小さいスズメには、実に多くの敵がいます。

例えばカラスです。賢いカラスはスズメを直接つかまえて食べるだけでなく、巣の中で育てている雛を襲うこともあります。またネコもスズメにとっては強敵です。エサとしてだけでなく、遊びとしての狩りもしますから、スズメにとってはたまりません。

警戒心が強いのに人と一緒にくらす

スズメは集団で連携して生活し、何でも食べる雑食性です。

---

[1]：「ものさし鳥」はスズメのほかに、ムクドリ、ハト、カラスです。

食べ物のありかを発見すると、さえずって仲間を集めます。警戒の目を増やすことで、安全に食事をしようというわけです。繁殖は春から夏にかけての年2回程度で、子育ての時期には日に300回ものエサやりが必要です[*2]。

警戒心が強いのに人のそばでくらすのは、天敵から身を守るためともいわれています。

朝にチュンチュン鳴くワケ

スズメといえば、朝になると元気にさえずっている印象がありますね。

じつは朝のさえずりは、メスの気をひく求愛行動です。エサを食べて体力的に充実している個体は繁殖を考えます。つまり楽しそうにさえずっているわけではなく、必死に自分の相手を探していたのです。

人間のにおいがつくと仲間から見捨てられる？

こんな噂を聞いたことがある人もいるかもしれません。でもこれは誤りですが、巣立ち前後の雛には触れないほうがいいようです。鳥類は一般的に、嗅覚が未熟です。つまり、人間のにおいは識別できないと考えられています。

---

*2：春には苗の害虫を食べる「益鳥」、秋にはイネの籾を食害する「害鳥」になります。

26 ツバメ [燕]
飛行速度は最速で時速200 km？

> ツバメは春の代表的な渡り鳥です。人家の軒などに土やわら屑でお椀型の巣をつくり、3～7個の卵を産みます。縁起のいい鳥として親しまれています。

「燕尾服」と「燕返し」の由来

ツバメの尾羽は長く、ふた股に分かれています。この形を燕尾形といいます。

燕尾服は「ツバメの尾のような服」で、上着のうしろすそが長く、その先がツバメの尾のように2つに分かれていることからこの名がつきました。

燕尾形　　　燕尾服

ツバメはすごい勢いで飛んできたかと思うと急角度でUターンしたり、巣や壁の前でぴたりと止まってその場に留まることができるなど、鳥の中でも**飛行能力を極限まで進化させてきた鳥**です。天敵から追われているときなどは、最速で時速200 km以上のス

---

*1：天敵はカラスで、身を守るために人のそばで巣をつくると考えられています。穀物を食べず害虫だけを食べるため「益鳥」として親しまれてきました。ちなみに巣の材料を求めるとき以外は、ほとんど地面に降りることはありません。

ピードが出るといわれています。飛んでいる昆虫を捕食したり、水面上を飛びながら水を飲みます。

宮本武蔵と対決した佐々木小次郎の必殺技「**燕返し**」は、ツバメのように急旋回する刀さばきのことで、ツバメの飛翔能力からきた言葉です。

ツバメはどこから渡ってくるの？

ツバメは3～4月に日本にやってきて人家などに営巣*¹して、9月中旬～10月頃に南へ帰ります。**日本を故郷とするツバメの越冬地は台湾、フィリピン、タイ、マレー半島といった東南アジア地域**です。

春になるとツバメがやってくるのは日本だけではありません。アジア・欧州・米国のあちこちで見られます。どこでも春になると北の地方にやって来て、冬になると南の地方に帰って行くのです。欧州のツバメの越冬地はアフリカ、北米のツバメの越冬地は南米です*²。

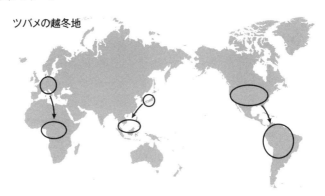

ツバメの越冬地

*2:欧州のツバメの研究では「尾の長いオスがメスにモテる」という結果が出ていますが、米国と日本の場合には尾の長さではなく「胸の赤みの強いオスがモテる」という研究結果になっています。地域によって少しずつ特徴が異なっているのです。

27 コウモリ
吸血コウモリは日本にもいるの？

> 吸血のイメージがあるコウモリですが、実際は南米にいるチスイコウモリくらいで、大半のコウモリは虫や果物を捕食します。都心でも見かけることが多く、フン害が問題になっています。

コウモリの奇妙なあし

コウモリの体はネズミに似ていますが[*1]、前あし（腕）が著しく発達しているのが特徴です。指の間から体のわき、尾にかけて一枚の膜があり翼になっています[*2]。

鳥と同じように飛びますが、翼は羽毛ではなく皮膜におおわれています[*3]。

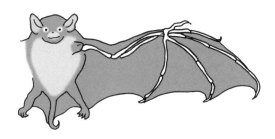

超音波を発し、反射してきた音でものの位置を知ります。暗くてもぶつからずに飛ぶことができるのはそのためです。

うしろあしにある五本の指は、木や岩などにぶらさがるのに適

[*1]：コウモリは別名「天鼠（てんそ）」「飛鼠（ひそ）」と呼ばれます。
[*2]：鳥類に匹敵する飛行能力をもつ哺乳類はコウモリだけです。
[*3]：コウモリ目は哺乳類全体の4分の1近くを占めていて、ネズミ目に次いで多いです。

したかぎ状になっています。

コウモリのおっぱい

コウモリは、赤ちゃんをお乳で育てる哺乳類です。

毎年6月～8月にかけて、コウモリたちは出産と子育ての季節を迎えます。多くは洞窟や木の洞をねぐらにしており、毎年この時期になるとメスたちは決まった場所へ集まって出産します。

生まれたばかりの子どもは毛のない丸裸の状態で、目は見えず飛ぶこともできません。

子どもの数は1回の出産で通常1頭から4頭です。母親には脇腹に1つずつ合計2つのおっぱいがあります。

人家にすみつくアブラコウモリ

日本には33種のコウモリがいますが、唯一**アブラコウモリ**だけが家屋など人家の周辺のみをすみかとしていて、都心でもよく見られます[*4]。蚊などの害虫を捕食する「益獣」の面がある一方で、糞尿による汚染とにおいやダニの発生などによって、人に被害をおよぼすこともあります。

アブラコウモリは大人になっても4.2～5.5cmほどの大きさで、北海道以外にすんでいます。

1.5cmほどのすきまがあれば出入りすることができるので、瓦の下や羽目板と壁の間、戸袋の中、天井裏、換気口など、建物のすきまをおもなねぐらにしています。

11月の中頃から3月中旬頃までは冬眠に入ります。

---

*4：昼間はねぐらに潜んでいて、夕方から行動を開始します。人家のない山間部などでは見られません。

28 ウサギ [兎]
なぜ自分のうんちを食べるの?

> おとなしくて可愛いウサギはペットとしても大人気。耳がよく、どの方角のどこから聞こえてくる音かきちんと把握できます。国の一大事になったこともあるほど強い繁殖力をもちます。

ウサギは声を出せない

ウサギは私たちと同じような方法で「声」を出すことはできません。ですから、仲間とは他の方法でコミュニケーションをとる必要があります。

例えば、野生での生活で天敵に気づいたときなどには、うしろあしで地面を蹴りつけるという行動をします。不快感を感じたときにも同じ行動をするようです。

ウサギの天敵は、キツネや猛禽類などです。

国をあげた駆除の例も

オーストラリアのウサギ問題は有名です。ハンティングのために広い大地にもちこんだ24匹のウサギが大繁殖し、一時は8億匹にもなってしまったのです[*1]。もともとオーストラリアにウサギはいなかったのですが、異常なほどの繁殖で、牧畜用のヒツジなどとエサの競合がおこり大問題になりました。

ウサギは猛烈な繁殖力をもちます。発情期があるわけではなく、交尾の刺激によって排卵が促進される(交尾排卵動物)ので、いつ

---

*1:1859年にイギリスから入植した際にもちこんだウサギが大繁殖した事件。乾燥した環境と天敵が少なかったことがおもな理由です。欧米ではもともとウサギのハンティングが文化的なスポーツとして扱われています。

でも繁殖が可能なのです。

　様々な方法で駆除を試みましたがうまくいかず、最終的には粘液腫（ねんえきしゅ）というウサギ特有の病気を発症するウイルスを広めて駆除するところにまでいきました。ところが、高致死率とはいえ100％の駆除まではできず、今も未解決のままです。

　外来種のもちこみの危険性を示唆するモデルとなっています。

うんちを食べるワケ

　ウサギのフンは丸くてコロコロしているイメージがあるはずです。ところが粘液状のフンもします。おまけにこの粘液状のフンをウサギは食べるのです。このフンを「**盲腸糞（便）**」といいます。

　草食動物であるウサギは盲腸がとても発達していて、そこに大量の微生物を共生させ、セルロースなどの消化しにくいものは微生物が発酵させています*2。

　しかし盲腸の次は結腸で、せっかく消化して吸収できる状態になったものがすぐに排せつされてしまいます。そこで、食糞という行動に出るわけです。

ウサギの盲腸は胃よりも大きい

*2：ウサギは盲腸でセルロース（植物の細胞壁や食物繊維）を分解する後腸発酵動物です。セルロースが分解されてアミノ酸や脂肪酸、ビタミンなどがつくられます。

立派な耳は何のため?

ウサギをかぞえる単位は「羽」が使われますが、その理由は「耳が翼(羽根)のように見えるため」という説があるようです。たしかに立派な耳をもっていますが、どのような能力があるのでしょうか。

大きな耳は、**ほぼ360度からの音を聞き分けることができる**といいます。耳を左右別々の方向に向け、**音源がどこにあるのかを正確に把握する**ことができます。また、人間には聞こえないような**超高音域の音も聞きとる**ことができます。

ウサギの耳は、ラジエーターのような**体温調整機能**ももちます。もともと汗腺が少なく汗をかくことが苦手なウサギは、体温調整を耳でおこなっているのです。耳には毛細血管が張り巡らされていて、そこで血液の温度を下げることで、体温を下げるしくみです。

第2章 『公園・学校・市街地』にあふれる生き物

29 ムクドリ［椋鳥］
なぜ駅前に群れで集まるの？

街路樹や電線に止まっていたり、数百から数千の群れで飛んでいるのを見かけるムクドリ。都市部にもよく見られ、悪臭や鳴き声に悩まされている地域があります。

大群でねぐら入り

ムクドリは全長24cmほどで、スズメより大きくハトより小さい鳥です。体色は全身褐色で頭は黒褐色、くちばしとあしはオレンジ色です。飛ぶと腰の白が目立ちます。「キュルキュル、ジェー、ツィッ」などと様々な声を出します。

九州以北の川原、畑、芝生などの開放的な環境に群れて生活しています。

ムクドリという名は、**ムクという木の実を食べることに由来**していますが、雑食性で、虫やミミズ、果実や木の実を食べます。

昆虫などを食べるので稲作にとってはプラス（益鳥）になるのですが、カキやイチジクなどの果実類も好むため果樹園には害をおよぼすことがあります。

095

都心の駅前に大群が

ムクドリは、繁殖期になると樹洞や家の壁のすきま、戸袋などに巣をつくります[*1]。春から夏にかけた繁殖期が終わると、こんどは群れで生活し、夜はねぐらに集まります。

とくに冬は、**1か所で数万羽になることもあります**。

かつては山の樹林帯や竹林をねぐらにしていましたが、しだいに人になれてきて、都市部にも進出してきました。**人がいる場所にはムクドリの天敵が少ないから**です[*2]。

最近、ムクドリの鳥害(鳥による被害)が問題になっています。農作物・水産物を荒らすほか、都市部では駅前の街路樹などに集まり、フンの悪臭や鳴き声などがひどいためです。

ムクドリは大きな群れで生活するので、ねぐらの木の下はフンだらけになります。また、寝つくまで集団でさわがしく鳴き続けるため、騒音問題に発展したりもします。

[*1]:家に巣をつくられるとダニの温床になるため、網を張ったり、巣をつくられたら駆除を依頼するなどが必要となります。
[*2]:ムクドリの天敵は、タカなどの猛禽類、ヘビ、ネコなどです。

第 2 章 『公園・学校・市街地』にあふれる生き物

30 ハト［鳩］
伝書鳩はなぜ手紙を届けられるの？

> ハトの歩き方といえば、首を前後に振りながら歩く姿が印象的ですね。これは、外の風景を安定して見るための動きです。「手振れ補正機能」と考えるとわかりやすいかもしれません。

自分のフンがある場所は安全

公園などでエサを目当てにやってくるのは、**ドバト**（土鳩、カワラバト）と呼ばれるハトです。

木の実や芽、植物性のものを中心に、昆虫なども食べます。群れで行動し、人にもよくなつきます。ハトの数がとても多くなることで、フン害による問題もおきています。

よく公園でハトに囲まれている人がいますが、ただ闇雲に集まっているわけではありません。**エサをくれる人を覚えていて、かなり遠くからその人を認知しとり囲む**わけです。

ハトは食欲旺盛で、他の鳥に比べても多量のフンをします。自分のフンがある場所を安全と思って居つき、巣をつくって繁殖をすることがあります[*1]。

人にうつる病気の感染や、ダニ、アレルギーの影響を受けることもあります。小まめな掃除をして衛生に注意しましょう。

オスもミルクを与えて子育てする

ハトは他の鳥類とちがった独特の育雛（いくすう）方法をとっています。昆

[*1]：年に5〜6回の繁殖が可能です。都心で天敵となるのはカラスとネコくらいで、ほかに猛禽類が少ないため、簡単に繁殖します。卵の大きさはウズラと同じくらいです。

097

虫類を与えるのではなく、**「ピジョンミルク」というミルクを与えて育てる**のです。

このミルクは**そ囊乳**といい、そ囊とよばれる消化器官（食べたものを一時的に保管しておく器官）でつくられます。そのためメスだけでなくオスでもつくられ、双方とも子どもに与えます。

このミルクはタンパク質や脂肪を含み、栄養価はかなり高いとされています。そのためか、ハトの幼鳥の成長速度は、他の鳥類と比較すると驚くほど早いといわれます。卵からふ化した雛は約20日ほどで巣立ちます。

高い帰巣本能による「伝書鳩」

帰巣本能と飛翔能力にすぐれたハトは、古くから伝書鳩として重要な通信手段を担ってきました。**1000km離れたところからでも2日ほどで帰巣できる**とされますが、その詳細な理由はわかっていません（一般的には200kmほどの距離で使われました）。

現在では伝書鳩は使われなくなりましたが、鳩レース[*2]や祭典などで使われるハトも、帰巣本能を利用して放たれて帰巣します。

[*2]：スタート地点からそれぞれの鳩舎までの距離を帰還までに要した時間で割ることで、鳩の1分間あたりの平均分速を割り出します。その分速が一番速かった鳩が優勝します。

第2章 『公園・学校・市街地』にあふれる生き物

31 カラス［烏・鴉］
ゴミを荒らす迷惑モノ？ または吉兆の鳥？

> ゴミを荒らすカラス対策として、集積所に網を張ったり、夜に収集をおこなうことで、東京のカラスはずいぶん生息数が減りました。それでも頭がいいため、つねにいろいろ学習しています。

都会は足場も食料も充実

日本で日常的に見られるカラスは、**ハシブトガラス**と**ハシボソガラス**です。

ハシブトガラスは英語で Jangle Crow といいます。もともと森林性の鳥なのです。そのくちばしは長くて太く、アーチ状に曲がっています。また「額」にあたる部分が盛り上がっているのが特徴です。

一方ハシボソガラスは草原や河川敷のような開けた見晴らしのよい場所が好みのようです。くちばしはストレートで、「額」にあたる部分も盛り上がっていません。

都内におけるカラスの生息数の推移（東京都環境局HPより）

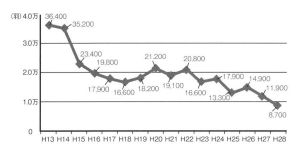

099

おもな食料は人間の出すゴミです。さらに小鳥の卵やヒナも大好きですから、都会に増えたヒヨドリやキジバトは、ろくろく巣もつくれなくなったりしています。ハシブトガラスの中には子ネコをエサとして狙うツワモノさえいます。

相当な知恵者

カラスは鳥類の中でもっとも知恵が発達しているといわれ、仲間と意思疎通をして協力しながら行動をともにします。

空中から貝やクルミを路面に落として割って、中身を食べるなどカラスの知恵者ぶりは有名です。中でも**ハシボソガラスは、固いクルミをわざと車にひかせて割って食べたりします**。こうした行動は学習によって身につき、特定の地域から始まったものが見よう見まねで広まっていきます。

カラスは夫婦で協力しながら子育てをします。

繁殖時期は春から夏にかけてで、営巣時には攻撃的になります。近づく人間を襲うことも珍しくありません。

吉兆の鳥「八咫烏（やたがらす）」

嫌われることが多いカラスも、古くは霊魂を運ぶ霊鳥や吉兆を示す鳥とされてきました。

とくに日本神話においては、神武天皇を大和の国まで導いた「導きの神」として信仰され、太陽の化身ともいわれています。３本あしが特徴ですが、理由は諸説あり、はっきりしません[2]。

---

*2：八咫（やた）とは「大きい」の意。八咫烏は日本サッカー協会がシンボルマークとして採用しています。

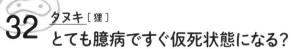

32 タヌキ［狸］
とても臆病ですぐ仮死状態になる？

> 昔話や伝説では「人を化かす」とされたタヌキ。よく「タヌキ寝入り」といわれますが、これはタヌキのどんな習性によるものなのでしょうか。

日本にいる2亜種

日本にいるタヌキはホンドタヌキとエゾタヌキ[*1]に分けられます。

タヌキはずんぐりとした体型で、尾が太いことが特徴です。環境に広く適応し、様々な場所に生息しています。日本では各地の低山に多いですが、人家付近や都会でも見られます。主として夜行性で、昼間は木の洞や岩穴などで休んでいます。

雑食性で、ネズミの仲間やヘビ、カエル、魚、カニ、果実を好みますが、ときには人間の残飯もあさります。

急に驚かされると仮死状態に

「**お前はタヌキのようだな**」という表現は、「お前は人をあざむく人だ」という意味で使われます。このように、なぜタヌキは人をあざむく（化かす）かのようにいわれるのでしょうか。

タヌキはもともと臆病で、急に驚かされると、仮死状態のようになることがあります。

例えば猟師に銃で撃たれたら、弾が当たらなくても死んだよう

[*1]：エゾタヌキは、ホンドタヌキよりあしが長いこと、体毛が厚く下毛が多いこと、そして毛が長いので大きく見えることが特徴です。

に動かなくなります。脳はある程度目覚めており、失神しているわけではありません。しばらくするとおきあがり逃げていきます。

こうした姿を「**タヌキ寝入り**」といったのです。このことから、「タヌキは人を化かす」と考えられるようになったのでしょう。

タヌキは体型的に攻撃に立ち向かうことも、逃げることも苦手なので、長い間に生存上有利な「タヌキ寝入り」という対応方法を身につけたのだと考えられます。

タヌキ汁はまずい

昔話に「タヌキ汁」というものが出てきます。どうもこの料理は、タヌキとずんぐりした体型が似ている**アナグマ**を使ったもののようです。

筆者はジビエ（野生の鳥獣）料理で、クマやシカ、イノシシは食べたことがありますが、タヌキは食べたことがありません。話によると、とても獣臭くてまずいとのことです[*2]。

タヌキの毛皮は襟巻きやコートに、そして毛が書道の毛筆になっています。

[*2]: それでも食べ物がなければショウガ、ニンニクや味噌などでできるだけ臭みを消して食べたことでしょう。ちなみにアナグマの味はイノシシよりも美味しいといわれます。

コラム2 生物は大きく5つのグループに分かれている

　生物には、呼吸する、栄養分をとる（栄養分をつくる）、成長する、子孫を残す（仲間を増やす）、細胞からできているなど、いくつかの特徴があります。

　かつては、生物を動物と植物の2つに分けていました。**動物**は他の生物や死がいから栄養分を得ています。**植物**は光合成をして自分で栄養分をつくっています。

　その中でもカビやキノコは、活発に活動する動物とは明らかにちがうため、植物の仲間に分類された時代もありました。しかし、葉緑体をもたず、寄生生活のため、生物分類上、今では植物とも区別されて**菌類**にまとめられています。

　現在、学校の理科では、生物を動物、植物、菌類、原生生物と原核生物（細菌やラン藻）の5つに分けています。**原生生物**は大変大きなグループで、アメーバやゾウリムシ、ミドリムシ、ケイソウのような単細胞の小さな生物から、多細胞であっても体の構造が単純なワカメやコンブのようなソウ類も含んでいます。

　動物、植物、菌類、原生生物の細胞は、核膜に包まれている核があり、ミトコンドリアなどをもっているので、その細胞を真核細胞といいます。

　細胞内に明確な核がなくDNAが裸の状態で存在して、一般に真核細胞に比べて大変小さいのが原核細胞です。原核細胞からできている原核生物には、細菌とラン藻の仲間が含まれています。

　こうして、生物を動物、植物、菌類、原生生物、原核生物の5つのグループに分けることが多いのです。

　さらに細胞からできていないので生物とは明確にいえませんが、他の細胞に感染して複製能力をもつウイルスの仲間がいます。

第3章
『野山・田畑・牧場』にあふれる生き物

33 バッタ・キリギリス・コオロギ・スズムシ[鈴虫]
鳴く虫の"耳"はどこにある?

> よく鳴く虫の代表であるこれら4種類の昆虫は、その鳴き声を確認するために、耳をもっているはずです。一体どこで音を聞いているのでしょうか。

耳の場所を探してみよう

これらの虫が鳴く理由は、メスを呼ぶためで、翅(はね)をこすり合わせて音を出します。この「鳴き翅」をもっているのはオスだけです。

一見して耳がどこにあるかわかりませんが、バッタは胸部と腹部のあいだに、キリギリスとコオロギ、スズムシは前あしについています。

バッタとコオロギの耳の位置

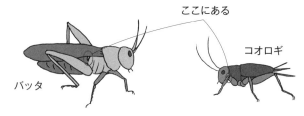

凶暴なキリギリス

それぞれのシルエットを見ると、キリギリスのうしろあしの長さが目立ちます。この長いうしろあしがあるため、キリギリスの脱皮は大変です。コオロギやバッタは平地でも脱皮できますが、

キリギリスはできません。必ず草の裏などにつかまって脱皮するのです。

また、キリギリスの前あしには大きなトゲがたくさんついています。これは、獲物をつかまえるときに有効にはたらきます。キリギリスの仲間は強い肉食性を示します[*1]。

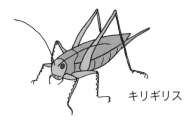
キリギリス

バッタやキリギリスは、草につかまる必要がありますから、あしの先には爪だけでなく吸盤も発達しています。この吸盤を使って、垂直部分にとまったり登ることができるのです。

また、触角はキリギリスのものが他と比較してとても長いことに気づきます。

キリギリスやコオロギのメスの体には、長い**産卵管**があります。土の中などに差しこんで産卵するのです。バッタは尾部を土に押しこんでやはり土中に産卵します。

スズムシの鳴き声は電話機では聞こえない？

夏の終わり頃から鳴くスズムシの声を聞くと、秋を感じて風流ですね。鳴く虫の中でも、とくにスズムシは和歌の世界にもよく登場し、古くから愛されてきました[*2]。

[*1]:とても攻撃的で、共食いすることもあります。かまれると痛いので気をつけましょう。
[*2]:古くはマツムシ（松虫）と呼ばれるなど混同があったようです。ちなみにマツムシはスズムシに比べて生育環境が限定的で、昨今は都市部でその鳴き声を聞ける機会はほとんどありません。

オスの前翅は発音器のために脈がちぢれたような形に変形して、幅広く楕円形になっています。メスの翅の脈は規則正しくまっすぐで、見かけ上も細めです。メスはお尻に卵を産む長い産卵管をもっているためすぐに見分けることができます。

バッタやコオロギとちがい、地表を歩くだけで飛び跳ねることはほとんどありません。

なお、スズムシの鳴き声は、電話機を通じて聞くことはできません。これは**鳴き声の周波数が高音（およそ4500ヘルツ）で、携帯やスマホの周波数（300〜3400ヘルツ）ではとらえきれない**からです。

スズムシ

ちなみにコオロギやキリギリスの鳴き声も同様に高周波数のため、電話の相手には聞こえません。

ではそれぞれの生息期間とおもな生息場所をまとめてみましょう。キリギリスの長寿ぶりが目立ちますね。

【生息期間とおもな生息場所】

バッタ　　：６月〜11月、草原
キリギリス：３月〜11月、日当たりのよい草地
コオロギ　：７月〜11月、田んぼや雑木林、河原や街中にも
スズムシ　：６月〜10月、草原

34 カマキリ [蟷螂]
なぜメスは交尾中にオスを食べてしまう?

力の強さではカブトムシやクワガタムシにかないませんが、獲物を狙うハンターとしての腕前は超一流です。自分より大きなもの、動く生き物もつかまえて食べてしまいます。

生きた昆虫を食べるハンター

カマキリは保護色をたくみに利用して[*1]獲物を待ち伏せ、接近してきたら鎌状になった前あしで相手をつかまえます。生きたまま尖った口でムシャムシャ。獲物をつかまえる速度はかなりのもの。エサが足りなくなると共食いも辞さないハンターです[*2]。

とくに食欲旺盛なのがメスです。ヘビを襲うことやスズメバチを捕食することもあります。

また、交尾の際にはオスを食べてしまうこともあります。メスは産卵に多くのタンパク質が必要なことと、オスは確実に交尾をおこなうために自らを犠牲にするともいわれます。

たださすがに両生類や爬虫類、鳥類には勝てません。そしてじつはアリにも弱く、体に群がられて襲われることもあるのです。

寄生虫の**ハリガネムシ**に寄生されることもあります。

ハリガネムシは水生の生物で、まずは水中生活者のカゲロウやトビケラなどに捕食されます。成虫になってこれらがカマキリに食べられると、カマキリの腹部で成虫になります。しっかり成長

---

*1:同じ種類のカマキリでも、一般的な緑色のほかに、茶色のものもいます。生息する場所に合わせた色をしているようです。
*2:食後に、前あしについた食べ残しをていねいに口でとり除き、清潔に保つ几帳面な一面もあります。

したあとに、今度は宿主のカマキリの脳に命令をし、水に入らせるのです。そして腹を突き破り、次の世代を生み出します。

瞳はいつもこちらを見ている？

カマキリの複眼をよく見ると、黒い点がいつもこちらを見ているように見えます。しかしカマキリに瞳孔はありません。こちらを見ているような黒い点は「**偽瞳孔**」と呼ばれます。

昆虫の目は複眼と単眼に分かれますが、カマキリは両方をもちます。複眼にはたくさんの目が集まっており、偽瞳孔は複眼に見られます。単眼は複眼と複眼の間にある3つの目で、光を感知するとされます。カマキリは夜にも活動しますが、眼の機能がそれを助けていることになります。

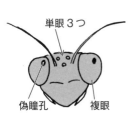

カマキリは積雪量を予知できる？

カマキリは、保温性の高いスポンジ状の卵塊をつくります。この卵塊の高さは積雪の高さを予測して、埋まらない高さに産みつけられる、という有名な説があります[*3]。

ただこれは、検証の結果誤りであるという結論が出ています。もし、雪に埋れてしまって卵が様々な理由で死んでしまうのであれば、カマキリはもっと高い位置に産卵するはず、というわけです。

---

*3：産卵は10月頃で、翌年4〜5月頃にふ化します。

第3章 『野山・田畑・牧場』にあふれる生き物

35 カブトムシ[甲虫]・クワガタムシ[鍬形虫]
角がたったの2時間で生えるのはなぜ？

> カブトムシやクワガタムシは、夏休みの飼育や虫とりで人気ですね。なんといっても魅力的なのは、立派な角とあごです。目はほとんど見えず、鼻もなく、触角がその役割を担っています。

角が2時間で完成するワケ

カブトムシは、その立派な角で**自分の体重の20倍もの重さを引くことができます**。

イモムシ状の幼虫が、サナギになり、脱皮を開始して2時間ほどで、もう立派な角が生まれます。なぜこんなに短時間で完成するのか、最近になって判明しました。

角は細胞分裂や細胞の移動などでできるわけではありません。幼虫のカブトムシには**角原基と呼ばれる袋状のしわしわに折りたたまれたものがあり、ここに組織液（血液のようなもの）が流れこむことで角になる**のです[*1]。

樹液の場所は触角で探す

カブトムシやクワガタムシは、クヌギやコナラの樹液を吸って生活しています[*2]。

ところで、甘い樹液はどうやって探すのでしょうか。カブトムシやクワガタムシは目があまり見えず、鼻もありません。

樹液が出る場所は**触角を開いたところにある穴（感覚孔）を使**

[*1]：これまでは謎に満ちたメカニズムでしたが、2017年に名古屋大学の研究チームによって解明されました。外骨格の動物が、同様のしくみによって様々な形をつくり出すのではないかといわれ、今後の研究が期待されます。

って探すのです。メスのにおいもこの触角を使います。触角が目と鼻の役割を担っているのですね。

カブトムシとクワガタムシの触角

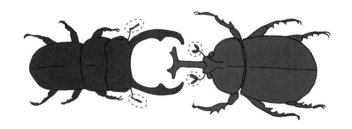

　樹液は森の中のレストランのようなものですから多くの昆虫が集まります。ここにカブトムシやクワガタムシが来ると、途端に「いい場所争奪戦」が始まります。戦いの末、投げ飛ばされたものはそこから立ち去るしかありません。

　もっともメスには立派な角やあごはありません。メスは無用な争いなどはあまりせず、優秀なオスと交尾をして産卵することに励みます。

人気の陰で大きな心配

　人気の昆虫だからこそ心配なのが、**過剰な採集**です。成虫の採集だけでなく、幼虫を採集して栄養価の高いエサを与え大きく育てることが流行しました。これは環境問題に直結します。少しで

も大きな個体を探して山に入り、木を倒し幼虫を探すという行為が加速したのです。

さらに深刻な事態に拍車をかけたのが、外国産カブトムシやクワガタムシの**輸入解禁**で、日本固有の昆虫類との交雑がおこるのではないかと心配されました。一方で、**クワガタムシのうち10種は外来生物法で規制**されています（下記、2018年1月15日現在）。

特定外来生物に指定されると、販売目的での輸入や、ペットとしての取引、野外へ逃がすことが禁止されます。現在飼育中のものは飼い続けられますが、最後まで世話をするようにしましょう。

【特定外来生物】
（クワガタムシ科＞マルバネクワガタ属）
1. アングラートゥスマルバネクワガタ
2. バラデバマルバネクワガタ
3. ギガンテウスマルバネクワガタ
4. カツラマルバネクワガタ
5. マエダマルバネクワガタ
6. マキシムスマルバネクワガタ
7. ペラルマトゥスマルバネクワガタ
8. サンダースマルバネクワガタ
9. タナカマルバネクワガタ
10. ウォーターハウスマルバネクワガタ

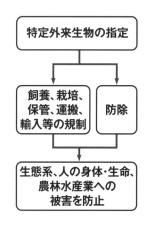

36 ウグイス[鶯]
なぜウグイス色は黄緑色と思われている？

ウメの花が咲く頃、人里付近で「ホーホケキョ」と鳴き始めるウグイスは、春を告げる鳥として親しまれています。ウグイスの羽の色から名づけられた「ウグイス色」はどんな色でしょうか。

ウグイス色は黄緑色ではない

ウグイスはスズメ目ウグイス科に属し、スズメくらいの大きさです。美しいさえずりはよく知られ、**日本三鳴鳥**（めいちょう）の1種にもなっています[*1]。春告鳥（はるつげどり）との異名もあります。

ところでウグイス色と聞いて、どんな色を思い浮かべるでしょうか？ 黄緑色をイメージする人がいますが、実際はもっと地味な色です。

ウグイスはオスもメスも、**背面は褐色を帯びた緑色**（緑に茶と黒のかかったもので、緑というより茶系に近い）で、腹部は白色です。

ウグイス色を黄緑色とか淡い緑色と誤解したのは、ウグイスは藪（やぶ）の中にいてなかなか実物を見ることができないことと、同じ頃によく見かける**メジロ**との混同があったといわれています[*2]。

「ホーホケキョ」はオスの縄張り宣言

早春、「ホー、ホケキョ」と美声でさえずるウグイス。「ホー」は吸う息、「ホケキョ」ははく息で、胸をいっぱいふくらませて

[*1]：ウグイスのほかはオオルリ、コマドリです。
[*2]：青ダイズを煎って粉にしたものを「うぐいす粉（青きな粉）」、それでつくった餅を「うぐいす餅」といいますが、いずれも淡い緑色をしており、本来のウグイス色とはちがいます。

さえずります。

　上手に鳴けるようになると、春の深まりとともに、平地から高山までの各地の笹やぶで巣づくりをします。

　「ホーホケキョ」とさえずるのはオスで、他の鳥への縄張り宣言であり、メスに「ここに縄張りを構えたよ、繁殖の準備ができたよ」ということを示してもいます。

　「ホーホケキョ」と鳴くのは一般的に早春と思われていますが、実際は春先から盛夏まで聞くことができます。

　最初は下手なさえずりでも、人里で上手に「ホーホケキョ」と鳴けるようになって、春の深まりとともに山へ帰って、巣づくりをするのです。

　このように「ホーホケキョ」は繁殖期のオスのさえずりですが、それ以外にオスもメスも1年中地鳴きをします。「チャッチャッ」と鳴くのが地鳴きです[*3]。

「ウグイスのフン」がお肌にいい?

　白くてツルツルスベスベの肌は、多くの女性の願いですが、そんな女性たちの間で口コミで根強い人気のある洗顔料の1つに「ウグイスのフン」があります。**江戸時代に歌舞伎役者や遊女によく用いられていた**のですが、その後は化学製品の化粧品の普及で使われなくなりました。しかし、いわゆる自然化粧品として一部で使われています。

　飼育したウグイスのフンを使っているとされていますが、実際はウグイスの大量飼育は難しいので、ソウシチョウ[*4]という小

[*3]：地鳴きは繁殖期の「さえずり」に対していう。仲間同士の情報伝達に使われています。
[*4]：多くのエサを食べ大量のフンをすることで知られています。

鳥のものを使っているようです。これはフンを天日乾燥させ、紫外線殺菌して粉末にしたものです。他の洗顔料に混ぜて補助剤のように使うので、香料のしっかりついた洗顔料を使えば、フンのにおいは気にならないようです。

　ウグイスに限らず、動物は食べ物のデンプン、タンパク質や脂肪を、消化管の中でいろいろな酵素によって小さな分子に消化分解して体内に吸収しています。

　その酵素が皮ふの古い角質（タンパク質でできている）などを分解する可能性があるわけです。

【豆知識】
茨城県はウグイスが「指定の鳥」になっている自治体が多い

県内に多く生息し、親しみやすいことから、3分の1の自治体で指定されています。（平成29年4月1日現在）
※色のついた市や町がウグイスを自治体指定の鳥にしています。

37 ヘビ[蛇]
なぜ大きな獲物も丸呑みできるの？

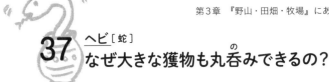

つぶらな瞳と温厚な性格が魅力で、昨今ヘビを飼う人が増えているようです。一方で毒をもつヘビがいたり、獲物を丸呑みするなど、怖い印象も強いですね。

なぜヘビのあしはなくなった？

ヘビの祖先はトカゲの仲間です。祖先のトカゲは円筒形の胴と尾に、短い4本のあしをもっていたと考えられています。

1億3000万年前〜2000万年前頃、大型爬虫類、原始哺乳類、鳥類などに狙われ捕食されていたトカゲの一群が、地中や岩の割れ目に逃げこんで生息するようになり、あしが退化してヘビに姿を変えたと考えられています。

ヘビの眼が「メガネ」とよばれる透明な膜でおおわれ保護されているのは、地中を移動するときに眼球を傷つけないように進化したからです。

あしがなくても、ヘビのお腹には長方形をした「腹板」というウロコがあり、それで地面をとらえて、筋肉を収縮させて前進します。腹板を使ってお腹を地面のちょっとした突起に引っかけ、他の部分をくねらせて波状運動（蛇行運動）をします。

自分より大きな獲物を呑みこむしくみ

ヘビは自分の体よりもずっと大きな動物でも平気で呑みこんで

しまいます[*1]。

これはヘビの上下のあごの骨がゆるやかに結合されていることにより、**あごの骨が自由に動き、口を大きく開くことができる**からです。

歯は、鋭くうしろ向きに曲がっています。いったんとらえられた獲物はこの歯のために、口から外には出られず、あごの動きで奥へと押しこまれていきます。

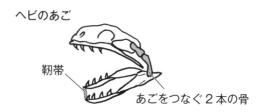

ヘビのあご
靭帯
あごをつなぐ2本の骨

体内の骨にも特徴があります。それは、**胸骨がない**ことです。人間の肋骨は胸骨によって固定されていますが、ヘビの場合は胸骨がないために、大きな獲物を呑みこんでも肋骨が柔軟に開くのです。

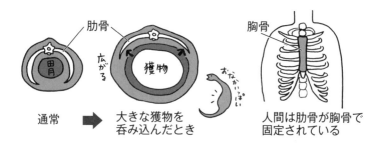

肋骨　　獲物　　胸骨

通常　→　大きな獲物を呑み込んだとき　　人間は肋骨が胸骨で固定されている

*1：ワニやヤギを丸呑みする姿などが確認されています。

獲物を呑みこんだあとは、ゆっくり消化されるのを待ちます。大型の獲物なら何週間も、ときには何か月間もかかって消化されます。

トグロは防御姿勢

移動中は別として、同じ場所にとどまるとき、ヘビはトグロを巻いています。これは体を伸ばしたままでいると、ヘビを狙うワシやタカなどに無防備になるところが多くなるからです。

とくに腹部は硬いウロコでおおわれた背中とちがい、柔らかいので防御力に欠けます。それで、腹部をかくすようにトグロを巻くのです。

日本にすむ毒ヘビ

ウミヘビを除くと、日本に生息する毒ヘビは**マムシ**と**ヤマカガシ**、**ハブ**です。

被害がもっとも多いマムシは、水辺や草むらなどに生息します。年間約3000人がかまれていると推定されます[*2]。

かまれると出血や痛み、腫れのほか、急性腎不全や呼吸不全などがおきることもあります。毒ヘビにかまれたら、傷口より心臓に近い側を軽くしばり、早めに医療機関を訪れることが大切です。

マムシのキバ

[*2]:マムシの毒性はハブよりも強いですが、ハブよりも小型で、毒量は少ないです。すぐに病院に行けば大事に至るケースは少ないです。

38 ニワトリ[鶏]
インフルエンザワクチンは鶏卵（けいらん）でつくる？

> ニワトリは「庭の鳥」の意味です。昔は土間の入り口で飼っていた家が多くありました。現在、世界中で飼育されているニワトリの総数は160億羽と推定されています。

メスへのアピール

ニワトリの原種は東南アジアに分布する**セキショクヤケイ**（赤色野鶏）だと考えられています[*1]。

このニワトリは飛ぶことができます。オスは鮮やかな羽色をしていて、顔面には桃色の皮ふが露出しています。また頭頂には鮮やかな赤色の鶏冠（とさか）、喉には一対の肉垂（肉髯（にくぜん））があります。

セキショクヤケイ　鶏冠　肉垂

ニワトリの鶏冠や肉垂は、オスのほうが大きいため、メスへのアピールの役目をもっているといわれています。メスはオスに比べると小柄で鶏冠も小さく、地味で尾が短いのが特徴です。

「コケコッコー」という鳴き声は、ニワトリが集団内の序列を主張するためのものです。上位のオスから順に鳴きます。

1：年に一度、春の繁殖期に産卵し、メスが巣で抱卵します。一度の産卵数は4〜6個で、年間の産卵数は20個程度です。セキショクヤケイは、日本でもいくつかの動物園で見ることができます。

東南アジアから世界へ

セキショクヤケイから卵用種、肉用種という具合に人間によって品種改良されたニワトリは、世界中で飼育されています[*2]。

卵用種の**白色レグホン**は年に 230 〜 280 個もの卵を産みます。白色レグホンには、原種がもっていた抱卵行動（卵を抱いて温めること）はありません。ですから自分でふ化させることはできず、すべて電気孵卵器を使ってふ化させています。1 日に 100 g ほどのエサを食べて、1 個 60 g の卵を産みます。

白色レグホンは、交尾をしてもしなくても、約 25 時間に 1 個の割合で卵を産みます。通常よく売られている卵は交尾をしていない無精卵です。

卵がかえって 2 か月で出荷

食肉用の若鶏を**ブロイラー**といいます[*3]。成長が速く、約 2 kg の飼料で体重を約 1 kg 増加させることができ、ふ化後 8 〜 9 週目（2 か月強）で出荷されます。

ブロイラーは徹底した品種改良で大量生産できるようになり、日本では食用鶏肉の大部分を占めるようになっています。

❶せせり
❷手羽先
❸手羽中
❹手羽元
❺むね
❻ささみ
❼もも
❽なんこつ
❾ぼんじり

---

*2：ニワトリを飼育することを「養鶏」といいます。
*3：もともとは丸焼き（ブロイル）用のひな鳥の意味でしたが、今では肉用若鶏のことをいいます。ブラジルが世界一の生産国で、輸出先は日本が最大です。

ワクチンを鶏卵で培養

2017年の冬にインフルエンザのワクチン[*4]が不足し、ちょっとした騒ぎになりました。そもそもこのワクチン、どのように製造されているかご存じでしょうか。

じつは**インフルエンザワクチンは、ニワトリの有精卵（発育鶏卵）を使って製造されています**。これは生きた細胞にウイルスを感染させることで、ウイルスを増殖させる必要があるためです。鶏卵は安定して大量に入手しやすいため、重宝されています。

ただ、鶏卵をつかった培養は、どうしても時間がかかります。また、1個の卵で製造できるウイルスの量も限られます。

そのため、急いでつくるにはどうしても限界があるのです[*5]。

インフルエンザワクチンの作り方

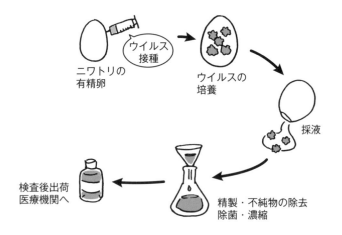

[*4]：感染力をなくしたインフルエンザウイルスを人に接種することで、感染しても発症しない免疫をつけるものです。
[*5]：2018年現在、遺伝子組み換え技術を利用したワクチン製造が実用化されています。

39 アライグマ［洗熊］
可愛らしいけど触ってはいけない?

可愛らしい風貌からアニメがヒットし、一時はペットとしても人気だったアライグマ。ところが今は駆除の対象になるほど社会問題になっています。どういうことでしょうか。

飼育・輸入・販売は一切禁止

アライグマは、北アメリカ大陸を原産とする哺乳類です。しかし、今は日本だけでなくヨーロッパなどにも移入され、多くの問題を引きおこしています。

見た目はアニメ*1のキャラクターに使われるほど可愛らしく、ペットとして大変な人気でした。ところが可愛いのは小さなうちだけで、**発情期には手をつけられないほど気性が荒くなり、飼育は簡単ではありません**。おまけに脱走が大得意であったことなどから、日本各地で野生化してしまったのです。

もともとの故郷である北アメリカでは、オオカミやオオヤマネコ、ピューマなどの天敵がいますが、日本にはそうした動物が見当たりません。気候風土も彼らの生態に見事にマッチしました。

繁殖力も旺盛で、毎年3〜6頭ほどの子どもを産むため、生息数を減らすのに苦労しているのです。

アライグマは**外来生物法の特定外来生物**に指定*2され、近年は毎年1万頭以上の駆除がおこなわれています。

---

*1：1977年にフジテレビ系列で放送された『あらいぐまラスカル』が有名ですね。
*2：2005年に施行された法律で、正式名は「特定外来生物による生態系等に係る被害の防止に関する法律」。日本の生態系や人の生活を脅かすおそれのある生物を指定し、必要に応じて防除をおこなうことを定めています。

器用な手をたくみに使う?

アライグマは雑食性で、いろいろなものを食べます。人間が出す生ゴミをあさって生活するものも現れています。

アライグマとはいうものの、**拾ったものをすべて洗って食べるわけではありません**[*3]。大好きなザリガニなどをとるときに、水の中に手を突っこんで探す様子が、まるで手を洗っているように見えるというのが名前の由来のようです。

その手はじつに器用で、5本の指をたくみに使います。頑丈な鍵をつけていないケージからは容易に脱走してしまうほどです。

感染症の危険

雑食性のアライグマですが、農作物への被害も深刻です。

トウモロコシの皮をはいで食べたり、スイカに穴を開けて美味しい中身だけをとり出して食べたりとやりたい放題。中には牛舎に入りこんで、ウシを傷つける例もあります。

適応力に優れるため、市街地にも進出し、家庭菜園を荒らすこともあります。農業被害統計額は年間3億円ほどにもなるといわれています。

また、アライグマは人畜共通感染症をもつ可能性があります。代表的なものは**アライグマ回虫**です。日本国内では確認されていませんが、感染すると死亡リスクもある恐ろしい感染症です。

もうひとつが**狂犬病**です。致死率が非常に高く、アメリカのアライグマでは感染率が高いことで知られています。

どんなに可愛らしくても、触るのは控えるようにしましょう。

---

*3:両生類や小型爬虫類など、体表に毒をもつものが多いため、洗う(こする)ことで毒を排除しているという説もあります。

40 キツネ[狐]
なぜ「神様の使者」として信仰されてるの?

> キツネは日本人にとって古くから親しみのある動物です。「お稲荷さん」として信仰の対象になったり、「化ける」といった悪いイメージもあります。なぜなのでしょうか。

日本のキツネと世界のキツネ

イヌの仲間であるキツネは世界のいろいろなところに生息しています。日本にはアカギツネの仲間である**ホンドギツネ**、北海道に生息する**キタキツネ**がいます。北極圏には**ホッキョクギツネ**、砂漠地帯には**フェネックギツネ**がいます。

いずれもオオカミなどと比べると体はかなり小さく、とくに砂漠で生活するフェネックギツネは体長30〜40cmほどです。

また、フェネックギツネには大きな耳が、反対にホッキョクギツネの耳は大変小さいのが特徴です[*1]。

日本人と密接なキツネ

キツネは「神様の使者」と信仰されていたり、「人を化かす」ともいわれます。また、「油揚げが好き」ということから、稲荷神社では稲荷寿司や油揚げを供物として用いたり、油揚げが入ったうどんやそばの名称にもなっていますね[*2]。

この信仰の原点について民俗学者の柳田國男氏は、**キツネを田の神の使者と考えたのではないか**と指摘しています。他の野生動

[*1]: 動物の体に関する法則のひとつ「アレンの法則」に合致する典型例です。アレンの法則は寒冷地に生息する動物の突出部は小さくなるというもので、体温の放熱などに適応していると考えられます。
[*2]:「油揚げ」は豆腐を油で揚げた食品。キツネは実際は肉食です。

物とちがって人を見ても一目散に逃げるわけではなく、何度も立ち止まってこちらを振り返ったり、収穫の時期に水田近くでネズミなどの小動物をとるといった行動が起源のようです。

また、「キツネが化ける」といった悪いイメージもあります。これは仏教伝来とともに平安時代以後に定着したもので、もとは中国の説話や伝承が由来と考えられています。

例えば、「夕方(夜)に新しい靴をおろすとキツネに化かされる」、「眉毛に唾をつければ化かされない[*3]」といった俗信として、今も色濃く残っていますね。

エキノコックス症とキツネ

北海道では「生水は飲んではいけない」と注意喚起されています。**エキノコックス症**対策です。

エキノコックス症とはエキノコックス条虫[*4]の幼虫が人の肝臓や肺、腎臓、脳などに寄生する病気です。もともと北海道にはいなかったものが人の移動とともに北方から持ちこまれたものと考えられています。

エキノコックス条虫は最終宿主がイヌやキツネですが、卵がなんらかの理由で人の口に入ると、幼虫が腸壁から血液やリンパ液に乗って全身を巡ることになります。初期症状が出るまで10年ほどかかるので、発見も遅れがちです。手術が有効な治療方法ですが、症状が出てからでは相当進行しているので、現在は化学療法も用いられます。

[*3]：キツネは人の眉毛の本数をかぞえて心を読むとされ、眉に唾をつけて本数（＝心）をかぞえられない（読まれない）ようにする行為をいいます。「眉唾もの」といった表現にも派生しています。
[*4]：「条虫」とは条虫綱に属する寄生虫の総称で、多くは脊椎動物の腸に寄生します。いわゆるサナダムシ。

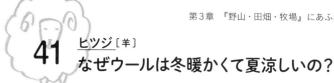

41 ヒツジ［羊］
なぜウールは冬暖かくて夏涼しいの？

セーターなどのウール製品で親しまれている羊の毛は、毎年3〜5月に刈られます。布団や断熱材などにも使われているウールにはどんな特徴があるのでしょうか。

家畜化は新石器時代から

温厚で、人間にとって便利なヒツジは、早い時期から家畜化されてきたと考えられています。**紀元前6000年ほどのメソポタミアの遺跡からヒツジの骨が大量に出ている**ことから、すでにその頃から家畜化されていたことが推測できます。

当初の利用目的は毛皮だったと考えられています。皮や肉、乳はヤギのほうが優れていたからです。

羊毛（ウール）が暖かい理由

ウール製品はたくさん流通しています。とくに品種改良によって生み出された**メリノ種**というヒツジの毛は大変優秀で、現在も多用されています。

メリノ種の毛は白です。毛は細く、染色しやすいので多用されるのです。

ウールを顕微鏡で見ると、人の頭髪と同じで表面にはキューティクルがあります。このキューティクルによって、水洗いするとフェルト状になります。縮んで固くなるので、専用の洗剤を利用

します。

ウールは毛の1本1本が縮れているため、空気を含みやすく、この空気が断熱材になります。そのため熱伝導性が低く[*1]、冬は暖かいのに夏は涼しいのが特徴です。

また弾性が高く型崩れやシワになりにくい、通気性や吸湿性があるため蒸れにくい、水をはじく、といったメリットもあります。

羊肉はダイエットにいい？

今でこそ、全国で食べることができる羊肉。子羊は**ラム**、成長した羊の肉は**マトン**といいます。

羊肉を使った焼肉料理がジンギスカンで、以前は北海道を代表する郷土料理でした。

羊肉が全国的に広まったのは、牛肉より油分が少ないことや、「**L-カルニチン**」という成分が含まれていることが影響しているようです。カルニチンは脂肪を燃焼（代謝）させるための「脂肪の運び屋」です[*2]。

100gあたりのカルニチン含有量は、マトンが208mg、ラムは80mg、牛は60mg、豚は35mgと、マトンの含有量が群を抜いています。

ただ、代謝によい影響を与えるのは確かですが、カルニチンをとればダイエットできるというような単純なものではありません。

[*1]：「熱伝導性が低い」とは、熱が伝わりにくく断熱性が高いことを意味します。そのため住居などの断熱材にも使われます。
[*2]：脂肪の元になる脂肪酸はミトコンドリアというところでエネルギーに変換されます。L-カルニチンはその脂肪酸をミトコンドリアに運ぶ役割を担っています。

42 ヤギ［山羊］
なぜ紙を食べても平気なの？

> ヤギはイヌの次に人に飼われるようになったというくらい古くからの家畜です。放し飼いにして雑草を食べてもらう「除草ヤギ」のレンタルサービスがあって一般家庭でも利用されています。

ヤギとヒツジはどうちがう？

ヤギはヒツジと同様に、ウシの仲間です。

ヤギの角は少し湾曲してうしろに伸びており、尻尾は短く上向きに立っています。オスには立派なあごひげが生えています。

ヒツジの角はぐるぐると渦を巻いて伸びており、一般に尻尾は長く垂れています。あごひげは生えていません[*1]。

ともに草食性ですが、ヤギは草以外にも樹葉や木の芽も好みます。一方で、ヒツジは草しか消化できません。

ヤギは、毛皮、肉、乳などを得るために、各地で様々な品種がつくられてきました。毛をとる品種としては、トルコ原産でモヘアを生産する**アンゴラ**と、冬毛が高級織物の原料となる**カシミア**が有名です。

ヤギはなぜ紙を食べる？

ヤギといえば、紙を食べてしまうイメージがありますが、なぜなのでしょうか。

もともとヤギは、木の葉っぱを食べるのを好みます。葉っぱの

---

*1：中にはあごひげが生えていないヤギ、生えているヒツジもいます。

繊維（硬い葉脈）も消化できるのです。

　一方で紙は、昔は樹皮の繊維をバラバラにしたものをすくいとってつくっていました。**繊維ものを好むヤギには、紙も好物にうつったようです**。しかしいまの紙は、植物繊維だけではなく様々な物質を添加しています。与えないほうがいいでしょう。

野生化したヤギが森林破壊

　過去に食用としてもちこまれたヤギが野生化して、森林破壊をおこす例があります。

　もともとヤギは、厳しい環境下でもよく繁殖する貴重な家畜です。植物の葉や芽を食べ尽くすと、樹皮や樹根まで食べ、森林が草地や裸地になったり、ひいては砂漠化や生態系破壊の問題にまで発展するのです[*2]。

「レンタルヤギ」が人気？

　こうした食欲旺盛な特性をいかしたユニークなサービスがあります。ヤギの**レンタルサービス**です[*3]。

　例えば長野県にある産直市場グリーンファームでは、現在139頭を貸し出し、そのうち8割は一般家庭だそうです（2017年10月）。

　当初は除草ヤギとして想定していましたが、癒やしを求めたり、子どもの情操教育、ヤギのミルクを飲む[*4]といった目的でレンタルしている家庭も少なくないようです。

　法人に貸し出している大手企業もあります。除草機などを必要としないことから、エコであることを売りにしています。

[*2]：東京都では小笠原諸島で野生化したノヤギの排除に取り組んできました。父島から50 kmほど北に位置する聟島列島で2003年までに、父島列島の兄島で2009年、弟島で2011年に根絶を確認しています。2012年からは父島でとり組みを進めています。
[*3]：1頭につき、2 m^2 ほどの雨風を防げる小屋と、自由に動き回れる広さの放牧場所があるところでの飼育が条件です。
[*4]：ヤギのミルクは芳醇な風味があり、牛乳よりも消化性に優れています。

第3章 『野山・田畑・牧場』にあふれる生き物

43 シカ [鹿]
立派な角は骨じゃなくて皮ふ？

「しかと」とは無視をする意味で、シカがそっぽを向いた花札の図柄と札の意味（10点札、10は「トウ」とも読む）からきています。実際のシカは人間との交流もなじみも深い存在ですね。

角ができて落ちるまで

シカといえば立派な角が特徴的ですが、角があるのはオスだけです。図のように、成長を重ねるごとに枝分かれします。

しかし、この枝分かれする角は、毎年春に落ちてしまいます。そのことを落角といいます。

角の形から年齢が推定できる

1才　2才　3才　4才

毎年春に落ちた角は、新たに夏に向けて成長してきます。ただ、最初はかたい角ではありません。袋角といって、表面はまるでビロードのような毛がはえ、柔らかく、触ると温かく感じます。

内側では、大量の血液が流れこみ、カルシウムがどんどんたま

って角を形成しています。この時期の角は神経も通っており、ぶつけたりすると大変なことになります。ですから、この時期はオスのシカはおとなしく、争うことをしません。大切に自分の角を育てるのです。

やがて成長すると血液が止まり皮ふははがれ落ちます。皮ふをはがすために、シカは木の枝などにこすりつけるような行動をします。

角は夏の終わりに完成します。表面をおおっていたビロード状の皮ふはその役目を終え、だんだんとはがれ落ちてきます。立派な角の完成です[*1]。

角切りをしなくても勝手に落ちる

角が完成する頃、シカは発情期を迎えます。オスは自分の子孫を残すために、メスの争奪戦をくり広げ、縄張り争いをします。このときに角を武器に使います。勝ったほうが自分の子孫を残すことができるわけです。

発情期のシカはとても気性が荒くなります。そこで危険をともなうことがあるため、角切りがおこなわれます[*2]。

もちろん角切りをしなくても、春先（2〜3月）にはあっさりと抜け落ちます。本当にポロリととれてしまうのです。そしてまた穏やかな気性に戻ります。

「鹿せんべい」は美味しい？

シカは野山の葉っぱや木の実、草、枯れ葉から樹皮まで、植物

[*1]：こうしたことからわかるように、鹿の角は骨ではありません。皮ふが硬化した角質です。毎年、この角をつくり出すためのカルシウム分を植物のみからとりこむのは容易なことではありません。
[*2]：奈良で毎年10月におこなわれる角切り行事は観光名物にもなっています。ちなみに、「奈良のシカ」は国の天然記念物に指定されている野生動物です。

なら何でも食べます。**1日に5〜10 kgも食べます**。

このため食料が減る冬に弱く、雪深い地域では餓死してしまうことも少なくありません。

ところで、奈良で有名な「鹿せんべい」を与えたことがある人もいるでしょう。このせんべいの材料は、米ぬかと小麦粉です。人が食べても害はありませんが、味付けはされていないため私たちが食べても美味しくはありません。

「鹿せんべい」は江戸時代からつくられているものです。シカにとっては何十枚食べても「主食」にはならないようで、あくまで「おやつ」程度のものです。なお、鹿せんべい以外のものを与えることは禁止されています。

小さなヤクシカ、大きなエゾシカ

ほぼ同じ生態のシカたちですが、地域によってその大きさはまちまちです。例えば世界遺産で有名な屋久島と知床半島。どちらにも高密度でシカが生息しています。

しかしその大きさは全くちがいます。北海道の**エゾシカ**のオスは90〜140 kg(メスは70〜100 kg)、**ヤクシカ**のオスは24〜37 kg(メスは19〜25 kg)です[*3]。

なお、北にすむシカほど寿命が短く、エゾシカは6〜8年です。一方で奈良のシカは10〜25年ほどといわれています。

---

*3：哺乳類の同種内における体の大きさと生息地域の関係は「ベルグマンの法則」といいます。同じ種でも寒冷な地域ほど、体が大きくなると考えられています。体重あたりの表面積を小さくすることで熱が奪われるのを防ぐためです。

44 ウマ［馬］
多量の汗をかくのはウマと人間だけ？

> 古墳時代の遺跡からは数多くの埴輪が出土しています。中でもウマのものが多く、装飾や馬具の出土も多いことから、古来大事に扱かってきたことがよくわかります。

先祖は5本指

ウマのもっとも古い祖先は**エオヒップス**（ヒラコテリウム、和名はアケボノウマ）です。今からおよそ5200万年以上も前に、北アメリカ大陸に生活していたことが化石から明らかにされています。湿地の多い森林の中を歩きまわりながら、若芽や草木の柔らかい葉を食べて生活していたと考えられています。

体高はおよそ25〜45cmで、小型から中型犬と同じくらいのサイズです。

あしの指は当初5本でした。そこから進化の過程で、前あしが4本、うしろあしが3本になったようです。

エオヒップス（約5000万年前）　　　エクウス（現在）

徹底的に品種改良されたウマ

サラブレッド（競走馬）という名称は、**「徹底的に（thorough）品種改良されたもの（bred）」** という語源からきています。速いウマ同士をかけ合わせて、さらに速いウマをつくりだすのです。

サラブレッドの歴史は、17世紀の初め頃、イギリス人が、東洋種のオスとイギリス在来のメスとをかけ合わせたことが始まりといわれています。400年以上の歴史があるのです。

なおサラブレッドは時速60〜70kmの速さで走ります。一般的なウマは時速50kmほどです。

大汗をかく哺乳類

私たち人間は、走れば多量の汗をかきます。でも走り回っているイヌやネコが、全身から汗を流しているのを見ることはありませんね。イヌやネコも汗腺をもっていますが、四肢の裏のちいさな部分にあるだけです。またカバも全身に赤い汗をかきますが、これは日焼けと乾燥から皮ふを守るためのもので体温調節に役立つものではありません。**哺乳類の中で、体温を下げるために全身の皮ふ表面から大量の汗を分泌できるのは、ウマと人間くらいの**ものです。汗をかき、水分が蒸発する際の気化熱[*1]で体温調節をします。

ウマは指の先っぽで立っている？

ウマのあしをよく見てみると、人とは骨の動きがちがうように見えます。じつはウマが地面につけているのは「あしの裏」では

[*1]：液体は、接しているものから熱を奪って蒸発します。そのときに奪う熱のことを「気化熱」といいます。汗をかくことで体温が下がるのはそのためです。

なく、「指の先」です。かかとを浮かせて蹄を地面につけた「つま先立ち」の状態なのです。こうした動物を蹄行動物といい、ウシやゾウ、キリンなども同じです。しかもウマのあしにある指は中指以外は退化して、1本だけが目立っています。つまり中指だけで立っている状態なのです。

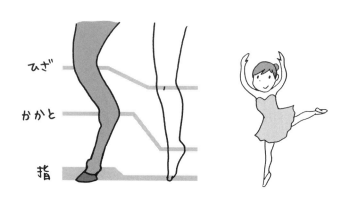

視野は350度もある

ウマの瞳孔は人間とちがって横長 *2 で、瞳の位置も顔の横にあるため、**視野は350度**におよびます。

草食動物であるウマは、自分の身を守るために危険をいち早く察知できる眼になっていると考えられます。

ただ視野が広いといろいろなことが気になってしまいそうです。そのためサラブレッドは、競争中に気を散らさないよう遮眼革（ブリンカー）をつけて走ります。前方に集中できるようにしているのです。

---

*2：横長の瞳孔をもつ動物はほかに、ヒツジ、ヤギ、ウシ、カバといった草食動物がいます。

第3章 『野山・田畑・牧場』にあふれる生き物

45 ブタ[豚]
イノシシから品種改良した経済動物？

食用として古くから飼われてきたブタは、野生のイノシシを家畜化したもので、人が品種改良によって生み出しました。「使えないのは鳴き声だけ」といわれるほどの経済動物です。

美味しいブタ肉は雑種からつくられる

私たちが食べているブタ肉の多くは、**ランドレース**と**大ヨークシャー**という品種の交雑種（メス）に、**デュロック**（オス）をかけ合わせてつくったブタです[*1]。

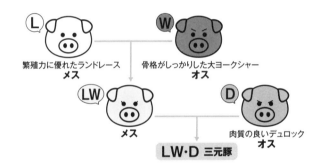

交雑をすることで、生まれた子は両親のいずれかよりも強健になり、発育も優れるのです。これを**雑種強勢**といいます。

ランドレース、大ヨークシャーというブタは子をたくさん産み、デュロックというブタは肉の量が多く、発育が早いので、美

---

*1：交雑とは、動物・植物において、別の種、または別の品種のメスとオスとをかけ合わせて雑種をつくることです。異種交配ともいいます。

味しいお肉をたくさんつくることができます。三元交雑種なので三元豚(さんげんとん)と呼んでいます。

　本来ブタは雑食で、草でも肉でも食べますが、家畜としてブタを飼育する養豚(ようとん)では、大豆やトウモロコシを主体にした配合飼料を与えるのが一般的です。

人間が生み出した経済動物

　イノシシは何でも食べて多産なので、人間がイノシシを家畜として長い年月をかけて改良し、現在のブタにしました[*2]。

　野山を駆けまわるイノシシは、ブタに比べてずっとスマートですし、鼻ずらが長く、オスの下あごの犬歯(けんし)はキバとなって外に突き出しています。性質は荒々しく、動作も機敏で、走るのも速ければ泳ぎも達者です。

　一方で家畜化されたブタは、性質はおとなしく、改良されたものほど肉がたくさんとれるように下半身が太って、鼻の骨が短く、しゃくれ顔になっています。

　ブタはイノシシにあるキバ（犬歯）がありませんが、これは乳歯のときに人間が折りとってしまうからです。イノシシにある尾も、ブタではお互いにかみ合ったりするので切られてしまいます。

　ブタは徹底して「経済動物」として飼育されるのです。

　ブタは、イノシシより発育が早いです。**生まれてから6か月ほどで体重が90kgになり、出荷されます**。イノシシに比べて2倍の速さです。

[*2]：食肉用に「イノブタ」というイノシシとブタの雑種の動物が飼育されています。ブタのメスにイノシシのオスを交配してつくった食肉用の家畜です。ブタとイノシシの間に子どもがつくれるということは、この2つは同じ種だということです。

また繁殖力も旺盛で、イノシシは通常年1回、平均5頭(3〜8頭)の子を産みますが、ブタは年に2.5回も産ませることが可能です。子の数も平均10頭以上、種類によっては30頭近く産むものもあります。子の数に応じて、お乳(乳頭)の数はイノシシでは5対であるのに対し、ブタは7〜8対もあります。

成長して子どもを産めるようになるには、イノシシが2年以上かかるのに、ブタは4〜5か月しかかかりません。

世界三大珍味「トリュフ」はブタが見つける

　ブタの鼻が大きいのは、祖先のイノシシの鼻が大きかったからです。

　イノシシは、野原や森で、地面の土を掘って、ミミズや昆虫の幼虫、植物の根を食べて生きていました。このとき鼻はとても重要です。まず、地中に食べ物があるかどうかをかぎ分けられる鋭い嗅覚が必要です。土を掘るときには鼻をスコップのように使います。そのために鼻は大きくて頑丈になっているというわけです。

　ところでフランス料理では、土の中にある**トリュフ**というキノコが欠かせない素材です[3]。このトリュフを探すのに、メスのブタが使われています。

　トリュフは、オスのブタが発するフェロモンと似たにおい物質をもつからで、森を歩きながらにおいをかぎ分けてこのキノコを見つけるのです。

---

[3]:トリュフはフォアグラ、キャビアと並んで世界3大珍味の1つで、地中約30cmに生えています。

使えないのは鳴き声だけ？

 ブタはほぼ全身を食すことができることから「使えないのは鳴き声だけ」ともいわれています。おもな部位別の名称は下記の通りです。

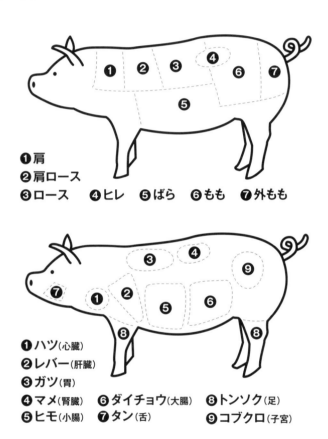

46 ウシ［牛］
高級和牛はほぼ1種からつくられている？

牛乳や牛肉は、私たちの生活の中では頻繁に登場します。ところがいろいろとわかっていないことがあるのも事実です。ウシの生活について見てみましょう。

4つの胃をもつ

ウシの大きな体には、4つの胃があります。本来の胃は第四胃で、それより前の食道の部分を分化させて、とても大きな第一胃から第三胃までがあります。

胃が4つある理由は、消化しにくいエサにあります。ウシを見ていると、つねに口を動かしていますね。食べたものをはき戻し、噛む。ふたたびはき戻し噛むという動作をくり返しています[*1]。とくに第一胃には大量の微生物がいて、消化しにくい**セルロース**[*2]の分解を手伝っているのです。

第一胃で消化を手伝った微生物は、第四胃で動物性タンパク質として消化吸収され、ウシの栄養分になります。

第1胃： 微生物によって植物を分解、発酵する

第2胃： 半分ほど消化された草を、ふたたび口に戻す

第3胃： 分解された草が細かくすりつぶされる

第4胃： 消化・吸収される

[*1]：このことを反芻（はんすう）といい、反芻動物にはほかにヤギ、ヒツジ、キリン、シカなどがいます。
[*2]：セルロースは天然の植物の3分の1を占める炭水化物で、分解しにくい特徴があります。

乳牛と肉牛、高級和牛のつくり方

ウシは牛乳をつくり出し、食肉も提供してくれます。もちろんそれぞれに特化した種があります。

乳牛としてもっとも優秀なのは白黒模様で有名な**ホルスタイン種**です。牛乳をつくれるのは出産したあとのメスだけで、人工的に受精・妊娠させて牛乳をしぼっているのです。

牛乳を出せないオスのホルスタインは肉牛として育てられ、「国産牛」になります。

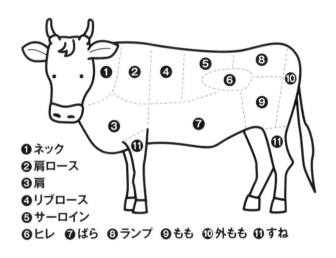

❶ネック
❷肩ロース
❸肩
❹リブロース
❺サーロイン
❻ヒレ ❼ばら ❽ランプ ❾もも ❿外もも ⓫すね

一方で、かつては農耕や運搬のために飼育されていた和牛は、現在では様々に品種改良された4品種をいい、高級な肉用牛になりました。具体的には、黒毛和種、褐毛和種、日本短角種、無角

和種で、そのうち黒毛和種が90％以上を占めています。

 黒毛和種の大半は但馬牛の系統です。多くは兵庫県の但馬地方で生まれた牛を肥育農家がそれぞれの環境に合わせて大事に育て、改良を重ねて、高価なブランド牛にしているのです。

 黒毛和種は4種の中でもっとも小柄で脂肪が多く、とくに**霜降り肉**は世界的にも評価が高く高値で取引されています[*3]。

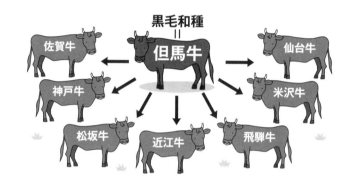

家畜化は新石器時代より前

 古代文明の遺跡からは、ウシを家畜化して利用してきた歴史をうかがい知ることができます。家畜化されたのは新石器時代よりさらにもっと昔ではないかという説が今では有力です。

 力が強いため農耕や運搬にはもってこいで、現代でもそうした使われ方をしている国は少なくありません。

 日本でも古墳時代には家畜化されていたようで、ウシのかたちを模した埴輪や骨が出土しています。

[*3]：霜降り肉は脂肪が筋肉のあいだに細かく網目のように入っている肉のことで、肩ロースやサーロインなどの背肉が中心です。

47 クマ[熊]
遭遇したときの「死んだマネ」は効果なし?

クマといえば、テディベアやくまモンといった可愛いキャラクターが有名ですね。一方で、山菜摘みに出かけた人がクマに襲われるという事例も増えていて、怖い印象もあります。

なぜ人を襲うのか

クマはとても賢い動物です。そんなクマがなぜ人を襲うのでしょうか。

そもそもクマはほとんどの場合、人を見ると(人の存在を察知すると)、自ら去っていくといわれています。それなのに襲われることがあるのは、ばったりと遭遇してしまうケースがあるためです。

よく鈴やラジオを鳴らしながら歩くと熊よけになるといわれていますが、風や地形との関係で気づかないこともあるのです。

子グマをつれた母グマにも注意が必要です。とても神経質になっているからです。

また、若いクマはいろいろ試したり失敗したりしたときに感情をコントロールできないことも多いようです。親離れして縄張りを確保するためにイライラしていたり、人間と興味をもって遊ぼうとしたり、力試しをしようとします。子犬がじゃれつくのとはわけがちがうので大変です。

「死んだマネ」をしてはいけない

クマにあってしまったら「死んだマネをするのがいい」という話がありますが、これは全く効果がありません。**実際は逃げるしかないのです**。

しかし、クマは時速50kmもの速さで走ることができますから、勝負になりません。**走らず、背を向けず、声をかけながらゆっくり後ずさりするのが最善**といわれています。とにかく興奮させず距離をとるのが一番です。

ヒグマとツキノワグマ

日本には、北海道に生息する**ヒグマ**と、本州や四国に生息する**ツキノワグマ**がいます。

自然が豊富な北海道では、どこでもヒグマにあう可能性があります。最近問題になっているのは、観光客の「給餌問題」です。少しでも近くで見てみたい、近くで写真に収めたいという気持ちから、エサを与えてしまう人がいるのです。

ヒグマは雑食性で、フキノトウなどの植物やドングリなどの果実、秋には遡上してくるサケやマスをとって生活しています。最近は数が増えて問題になっているエゾシカなども積極的に襲って食べるといわれます。もし人の食べ物の味を覚えると、特段苦労しなくても簡単に手に入れられることになりますから、大きな問題になるわけです。

本州や四国に生息するツキノワグマは、ヒグマよりは一回り小さいですが、強い力をもちます。真っ黒な毛におおわれ、胸には白いⅤ字の斑紋(はんもん)をもっています。木登りや穴掘り、水泳も得意です。

　やはり雑食性で、果実や小型の脊椎(せきつい)動物、他の動物の死骸なども食べます。

　九州のツキノワグマは絶滅してしまいましたが、他の地域でも人工林の拡大や道路の開発などで生息域が分断され、生息数が減少傾向にあります[*1]。とくに四国では、四県合わせても数十頭しかいないと推定されています。

　ツキノワグマは狩猟の対象になっています。今も食用や生薬としての胆(たん)のう（熊胆(ゆうたん)、熊の胆(い)）のために狩られています。

　昔のマタギ（狩猟を専業とする人）のように、生息数と狩猟数のコントロールをしっかりしていく必要がありそうです。

クマの冬眠には謎が多い

　日本のクマは冬眠をします。

　秋にエネルギー源になる脂肪をたっぷり蓄え、冬眠に備えるのです。寒い中で活動せず、エネルギー源を最小限にするために体温や心拍数、呼吸数も減らします。冬眠の間は、食物や水分も一切とりません。また、メスのクマは冬眠の期間に、普通2頭の子グマを出産します。

　シマリスなどの冬眠とちがって、クマの冬眠は観察しづらく、いまだ多くの謎に包まれています[*2]。

[*1]：「くまモン」のいる熊本にも野生のクマはおらず、九州全土で絶滅種となっています。
[*2]：ホッキョクグマは氷の上で狩りをするため冬眠しません。エネルギー消費を下げるため体は冬眠状態なのに活動することから、「歩く冬眠」といわれています。ホッキョクグマは地上に生息する肉食動物の中で最大の大きさで、おもにアザラシを捕食します。

第3章 『野山・田畑・牧場』にあふれる生き物

ジャイアントパンダはクマ？

上野動物園で産まれたメスのパンダ・シャンシャン（香香）が人気で、観覧者は公開から半月で 10 万人を超えたそうです。

「パンダ（別名熊猫）」は、**ジャイアントパンダ（クマ科）**とレッサーパンダ（レッサーパンダ科）に分けられ、ジャイアントパンダはクマの仲間です[*3]。中国の限られた地域にしか生息していません。

ところで、ジャイアントパンダがおもに食べているのはササの葉ですよね。一方でクマにはそのイメージがありません。

パンダも肉食性の消化機能をもっており、そもそも繊維質の多いササの葉は充分に消化することができません。そのため食べたササの80％は消化できずにフンとして排出されます（ですからパンダのフンはそれほど臭くありません）。

こうした食生活になったのは、中国山岳地帯の奥地で生存競争を避けるため、年中豊富に得られるササの葉を食べることで身を守ってきたため、と考えられています。

*3：一見するとクマとジャイアントパンダはちがう種のように思えます。実際「ジャイアントパンダ科」に独立させるべきという意見もありましたが、DNA の検査結果などからクマ科に落ちつきました。

コラム
3 動物とはどんな生物？

　動物は、自分では栄養分をつくれません。そのために他の生物を食べて栄養分をとっています。

　背骨があるかどうかで大きく脊椎動物と無脊椎動物に分けられます。脊椎とは背骨のことです。

◎ 脊椎動物

　脊椎動物は、背骨の先に頭の骨がついていて、そこに脳がはいっています。脳の近くには感覚器官も集まっています。からだの動きが脳で調整されるので、エサを見つけたときにはすばやく動いてつかまえることができます。骨には、発達した筋肉がついていて、活発な運動ができます。おもに下記のグループに分かれます。

哺乳類 ／ 鳥類 ／ 爬虫類 ／ 両生類 ／ 魚類

◎ 無脊椎動物

　背骨をもたない動物を無脊椎動物といい、次のようなグループに分けられます。

節足動物（チョウ、トンボ、カブトムシ、クモ、カニ、ムカデなど）

軟体動物（ハマグリ、マイマイ、タコなど）

環形動物（ミミズ、ヒル、ゴカイなど）

その他（ウニ、ホヤ、カイメン、サナダムシ、プラナリアなど）

　この中で節足動物は、からだの表面が硬い殻（外骨格）でつつまれています。

第4章
『水辺・川・海』にあふれる生き物

48 アメンボ
水に洗剤を入れると沈んでしまう?

> アメンボという名前は、麦芽でつくった水飴（麦芽糖）特有のにおいがすることに由来しています[*1]。すいすい泳ぐ秘密は「表面張力」にあります。

どう猛な肉食動物

細いあしとからだが特徴のアメンボは、生まれてすぐに水面を動きまわります。エサは水面に落下した他の昆虫です。水面に落ちてできた波を感知して近づくと、鋭い口をブスリと差しこんで体液を吸いとる、どう猛な一面がある肉食動物です。

生まれてからずっと同じ水面で生活するわけではありません。細い体に羽根がたたみこんであり、飛ぶこともできるのです。

浮かぶのは表面張力

アメンボが水に浮かんでいられるのは、軽い体重のほかに、**水の表面張力**が影響しています。足の先端に細かい毛があって、表面の水をはじくのです。ところが浮かんでいられないようにすることも可能です。

水面の表面張力を減らすために洗剤や石けん水などの界面活性剤を水に垂らしてみましょう。すると、いくら体重が軽いアメンボでもからだを支えることはできなくなり、水に沈んでしまうというわけです。

＊1：においを発する昆虫の代表格にカメムシがいます。カメムシ目に分類され、アメンボも同じ仲間です。においを出すだけでなく、鋭い口器をもっているところも同じです。うしろの翅（はね）がからだ全体ではなく半分だけをおおう半翅目（はんしもく）という仲間に分類されます。

第4章 『水辺・川・海』にあふれる生き物

49 カエル [蛙]
胃袋をはき出して自分で洗うって本当?

> 昔はどこにでもいたカエルも、今では田舎に行かないとその大合唱を聞くことはできなくなりました。世界の様々な地域で軒並み絶滅危惧種になっています。

おたまじゃくしはカエルの子

カエルの幼生はおなじみのオタマジャクシですが、カエルだけではなく、両生類の幼生はすべて音符のようなオタマジャクシ型です[*1]。しかし、カエルは両生類の中でも**無尾類**と呼ばれ、幼生のときにある長い尾がどんどんなくなっていく不思議な成長をします。

最近の日本の研究で、成長によって尾が消えていくしくみがわかりました。**自分の尾が、成長の過程で異物として認識され、免疫反応によって消えていっていた**のです[*2]。このことを**プログラム細胞死(アポトーシス)**といいます。本来、自分の体を守るために備わっている免疫機能がこのように働いているのは驚きです。

えら呼吸から肺呼吸＋皮ふ呼吸

オタマジャクシは魚類と同じように**えら呼吸**をおこない、尾を使って泳ぎます。しかし成体すると、こんどは**肺呼吸**になります。こうして陸上でも生活ができるようになります。このためえらは成長すると自然になくなります。

[*1]: 料理で使う「お玉杓子」に似ていることから名づけられました。
[*2]: ただし骨格標本では尾骨が残っています。

とはいえ、呼吸の3～5割くらいは**皮ふ呼吸**に頼っています。皮ふは粘膜におおわれていて、乾燥に弱く、定期的に脱皮をするのが特徴です。

カエルの脱皮は爬虫類と同じように大きく成長するためというよりは、お肌のメンテナンスという意味合いがあります。

ところでカエルの口はとても大きく、たまに異物なども飲みこんでしまいます。そのときカエルは、なんと**自分で胃を丸ごとはき出し、手でこすって異物をとり出します**。終わればまた飲みこんでもとに戻すという、とても器用なことをおこないます。

カエルの数が世界中で減っている

カエルの減少が見られるのは日本だけのことではありません。現在、世界では4700種程度のカエルが知られています。南極大陸以外のすべての大陸に存在していて、水があったらカエルがいると考えてもいいくらいでしょう。

ところが、1970年以降に世界中で200種以上のカエルが絶滅したと考えられています。他の動物たちの絶滅と同様、生息域の減少がおもな理由です。体表が粘膜でおおわれているカエルにとって、水質の悪化も大問題です[*2]。

さらに深刻な問題は、カエルを含む両生類が感染する「カエルツボカビ症[*3]」という病気です。これは真菌の一種、カエルツボカビが体表に寄生し繁殖するもので、寄生されたカエルは皮ふ呼吸ができなくなり、死んでしまうことがあるのです[*3]。

---

*2：昆虫などを食べる肉食動物のカエルが減れば、水田などの昆虫が増えたり、カエルをエサとする肉食動物にも影響を与えます。
*3：水を介して他の両生類に感染します。人間には感染しません。

第4章 『水辺・川・海』にあふれる生き物

50 ザリガニ
なぜ侵略的外来種に指定されているの？

日本固有のザリガニはニホンザリガニですが、外来種であるアメリカザリガニのほうがすっかり身近な存在です。アメリカでは名物料理として養殖・食用され「エビガニ」とも呼ばれています。

よく見かけるのはアメリカザリガニ

<u>アメリカザリガニ</u>は、1927年に食用のウシガエルのエサとして移入されました。水田や水辺に棒状の穴を掘ってすみ、水草、貝類、ミミズ、昆虫類、甲殻類、他の魚の卵や小魚など、様々なものを食べる貪欲な雑食性です。

名前は、いざるように歩く[*1]ことから、「いざりがに」と呼ばれたことに由来します。

ペットとしても人気だが…

アメリカザリガニは、日本生態学会が定めた「日本の侵略的外来種ワースト100[*2]」に要注意外来生物としてあげられています。

それによると被害の現状は「<u>ニホンザリガニ</u>を駆逐し、国内ではもっともありふれたザリガニとなっている。ニホンザリガニよりも巨大なため、捕食される魚類も被害が大きい。色の変化に富み、変色個体はペットとしても高い人気を保っているため、逸出の危険は高い。」とされています。飼育する場合は、逃げ出さないよう注意をしたいですね。

---

*1：ひざをついたり、尻をついたまま進むこと。
*2：日本の外来種の中でもとくに生態系や人間活動への影響が大きい生物のリストです。

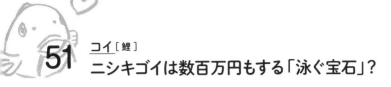

51 コイ［鯉］
ニシキゴイは数百万円もする「泳ぐ宝石」?

> コイは公園の池やお城の堀、川や湖など、いろいろなところで見ることができますね。中でも観賞用に改良したニシキゴイ（錦鯉）は数百万円することもあり、輸出額が伸びているようです。

音に敏感

コイは音にとても敏感な魚です。例えば公園などで、人の足音を聞くだけでエサをくれると判断し、大きな口を開けて近づいてくるのを見たことがあるでしょう。

音を感じとる器官は、**ウェーバー器官**と呼ばれ、浮力を調整する浮き袋の周辺に発達しています。

パクパクしている口には2対のひげがあります。よく似ているフナにはありません。

何でも食べる

コイは雑食性で、小動物から水草まで何でも食べます。体も大きくなるものだと1m近くまで成長します。おまけに寿命も長く、平均でも20年、中には70年も生きたという記録があるほどです。

コイはもともと**汚い水の中でも平気で生活することが可能**で、むしろきれいな水の中で生きることのほうが苦手です。

いってみればどんな環境でも生きていくことができるため、コイが放たれた場所は、他の生物にとっては脅威となります。

第4章 『水辺・川・海』にあふれる生き物

ニシキゴイは「泳ぐ宝石」

同じコイでも、白色や赤色のものは観賞用に飼育されたりします。黒くないコイのことを**色鯉**といい、美しく色分けされたコイを**ニシキゴイ**（錦鯉）*1 と呼んで繁殖させています。

もともとは19世紀に、新潟県旧山古志村（現・長岡市）と小千谷市で、食用鯉が突然変異して誕生したことが始まりといわれています。「泳ぐ宝石」とも呼ばれ、輸出額は年々増加しています。

他のデリケートなペットとちがい、コイは元々の丈夫さを兼ね備えているので、人気のペットです。ただし、大きく成長するので注意しましょう。

錦鯉等観賞用魚の輸出額・輸出量の推移

財務省「貿易統計」参照

食用にも供されるが毒をもつ

コイは、**鯉こく**（輪切りにしたコイを、味噌で煮こんだ料理）、**洗い**（流水やぬるま湯で身の脂肪分や臭みを洗い流した後、氷水につけて身を引き締めてから供する料理）、**煮付け**などにして食べられています。しかし、処理をしっかりしていないと、臭みがあったり寄生虫症の可能性があることも考えられます。また、大きな胆のうには毒が含まれています。

*1:「錦」とは、金を混ぜて織りこまれた絹織物を意味し、そのように美しく優雅なものを「錦〜」（錦絵、錦模様など）と呼びます。

52 カモ［鴨］
カルガモはなぜ春になると引っ越しするの？

> 日本には数多くのカモが飛来しますが、ほとんどは冬鳥（秋に来て冬を越し、春に去る渡り鳥）です。しかしカルガモだけは留鳥（りゅうちょう）で、一年中日本でくらしています。

春の名物「カルガモのお引っ越し」

渡りをせずにいつも身近にいるカモに、カルガモがいます。「グエーグエッグェ」と聞こえる大きな声で鳴きます。河川、池沼、海上など水辺に一年中くらす留鳥です。草の葉・茎・草の実や水生小動物などを食べています。

春になると都市を中心に、「カルガモのお引っ越し」がニュースになりますね。警官まで動員して、町中をカルガモ親子が行進する姿は心を和ませてくれます。赤ちゃんは生まれてすぐに歩けるようになるのです

カルガモの親は子どもにエサをあげることをしません。それで、**子どももエサがとれる場所、安全な場所へと移動します**。それが引っ越しをする理由です。

ちなみにアイガモは、「アイガモ（合鴨）農法」[*1] に使われています。ここで使われるアイガモは、マガモとアヒルとの交雑種です。

---

*1：田んぼにアイガモを放って雑草を食べさせて、除草剤を使わずとも除草の手間を省くとされる農法。

日本のカモのベスト6

日本に越冬のため飛来する渡り鳥は、ハクチョウやガンの仲間より、カモの仲間が圧倒的に多いです。日本で冬に見られるカモの仲間で多いのは順に、マガモ、カルガモ、コガモ、ヒドリガモ、オナガガモ、スズガモです。

アヒルの先祖はマガモ

マガモは、カモ類の代表種です。北半球北部に広く繁殖し、日本でも北海道から、所により九州まで繁殖例があります。

マガモとカルガモはともに美味しい鳥とされ、狩猟の対象になっています[*2]。

マガモは家禽(かきん)（卵や肉を利用する目的で飼育される鳥）の**アヒルの原種**です。都市の公園や池にも入りこんで人になれるので、家禽として多くの品種のアヒルがつくられました。

アヒルは愛玩(あいがん)目的に放し飼いにされているほか、食肉を目的にされたり、羽毛布団の材料にされたりしています。

おもなアヒル料理には**北京ダック**（味付けしたアヒルを丸ごとバリバリに炉で焼く中華料理）や**ピータン**（アヒルの卵をアルカリ性成分の灰や泥や植物などを混ぜたものの中に入れ、数か月かけて発酵、熟成させた中華料理）があります。

[*2]：カモ料理で、油がのって美味しいのは11月から翌年3月で、寒い季節が旬です。肉は赤みを帯び、脂肪は皮下に多く、やわらかく風味があり、鳥肉の中でもっとも美味しいとされています。

53 二枚貝
開かない貝は食べてはいけない？

> 毎年潮干狩りのシーズンになると多くの人が砂浜で貝拾いをおこないます。砂出しの様子を見ていると、その動きはとても不思議です。どんな体になっているのでしょうか。

二枚貝の仲間の共通点

二枚貝を調理すると、パカンと殻が開きますね。加熱が終わった証しでもあります。

二枚貝にはフタを開け閉めする筋肉があります。これを**閉殻筋**といいます。ふつう、**閉殻筋は貝柱と呼ばれます**が、貝柱は筋肉なのです。

この閉殻筋は、ほかの筋肉と同じで「縮む」ことはできますが、伸びることはありません。

よく観察すると、貝殻がくっついている黒っぽい部分に気づくはずです。その部分は**靭帯**です。靭帯は殻を開こうとする働きをします。そして閉殻筋が閉じる働きをするのです。

砂出しを観察してみよう

いずれの貝も食べる前には砂出しをしますね。そのときによく観察をしてみましょう。

すると、2本の管状のものが出てきます。これは入水管と出水管と呼ばれます。水を吸って出すことにより、水中のプランクト

第4章 『水辺・川・海』にあふれる生き物

ンなどを吸いこみ栄養分として活用しているのです。それらの管の反対側からは、舌のようなものが出てきます。これはあしです。あしといっても活発に動くわけではなく、砂などに突っこみ、先端部を膨らませて縮めることで、砂に潜るような動きをするのです。

殻を開けると、外側に外套膜(がいとうまく)と呼ばれるひだ状の膜があります。ここから殻の成分を出して次第に大きくなっていくのです。

死んでる貝は食べない

アサリなどの砂出しをするポイントは、まず海水と同じ濃度の塩加減にすることです。目安は3％ほどの濃度（100 mlの水に約3gの塩）です。アサリは夜行性のため、布などを上からかぶせて光をさえぎるとよいでしょう。3～6時間程度で砂は抜けます。

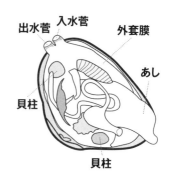

なお、砂出しと熱処理をしても貝が開かないことや、最初から開きっぱなしの場合もあります。これらの場合はすでに死んでいる可能性があり、食べるのは避けましょう。

とくに、死んで腐り始めている貝は、強いにおいを発します。毒をもつ可能性があり注意が必要です。貝毒は熱に強く、加熱調理をしても無害にはなりません。

54 クラゲ
なぜお盆の頃から大量発生するの？

幻想的な姿をし、ぷかぷかと漂いゆれて癒やされる水族館の人気者クラゲ。しかし、海水浴では刺されることもあります。8月にクラゲに刺されやすいのはなぜでしょうか？

プランクトンの仲間

プランクトンとは、水中生物のうちで、自らはほとんど運動能力をもたず、水中・水面に浮いて生活している生物の総称です。クラゲは、プランクトンの1つです。

プランクトンは大きさによって分けたものではなく、どんな生活をしているかで分けたものなので、いろいろな大きさのプランクトンがいます。ほとんどのプランクトンの大きさは数μm（ミクロン）から数mmのものですが、中にはクラゲの仲間のように1mを超えるものもあるのです。クラゲは大小様々で、世界最小はベニクラゲの5mmから、世界最大はキタユウレイクラゲという2.5mのものまでいます。

体は95％が水分

クラゲの体は私たちとはずいぶんちがいます。人間は60％が水分ですが、クラゲは95％が水分です。

クラゲには脳や心臓、血管、血液がありません[1]。クラゲにも人間の体にもあるものといったら、口や胃です（口は肛門兼用です）。

---

[1]：プラナリア、ヒトデ、ウニにもありませんから、ないのはクラゲだけの特徴ではありません。

口からとり入れた食べ物は、胃で消化されます。

日本で一般的に見られる**ミズクラゲ**の傘にはかわいい丸い四ツ葉の模様がありますが、あれは生殖腺で、それらの内側が胃なのです。栄養分は放射管と環状管を通して体の各所に運ばれます。

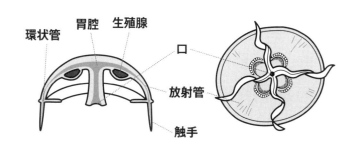

8月はオスとメスの出会いの季節

クラゲのおもな食物はプランクトンや小魚です。プランクトンは暖かくなるとふえ始め、クラゲも食物が豊富になり大きくなります。そのため8月頃のぬるくなった海では、大きくなったクラゲが目立つようになるのです[*2]。

そして、この時期にオスとメスの出会いがあり、有性生殖をおこなってメスは抱卵します。秋になり、卵がかえると幼生になり、さらに海底へと移動して岩などに付着してポリプになり、無性生殖で増えていきます。そして春先に浮遊する生活に戻ってくるのです。だから8月頃にミズクラゲやアンドンクラゲが目立つようになります。

[*2]:「お盆に海に入るな」という言い伝えは、古くから日本各地にあるようです。ここでいうお盆は旧暦のことで現代の7月半ばにあたります。立秋の平均18日前の土用の頃から、晴天なのに突然高波（土用波）がやってくるので気をつけなさい、ということと合わせて、クラゲに刺されることが多くなることからの戒めといわれています。

アンドンクラゲ、カツオノエボシ、アカクラゲやハブクラゲは毒性が強く、電気が走ったような鋭い激痛がしてミミズ腫れになって、ときには死に至ります[*3]。

　クラゲの傘の部分の裏側や触手の表面には刺胞(しほう)という細胞があり、この中に刺糸(しし)があります。この刺胞が刺激を受けると中から毒を含んだ刺糸が飛び出して刺さるのです。毒性がクラゲの中では中程度と言われるミズクラゲの場合、ブツブツした水ぶくれや赤い点が生じたり、かゆみ、ピリピリしたりチクチクする痛みなどが出たりします。

　クラゲに刺されたと気づいたときは、周辺にクラゲが集まっていることがあるので、その場を離れましょう。刺された部位は、まず海水でよく洗ってください。症状が強い場合は、必ず皮ふ科でクラゲに刺されたことを伝えて受診してください。

珍味として味わうクラゲ料理

　クラゲの体は95％以上が水分で、残りは良質のタンパク質です。クラゲの中で食用にできるものとしては**ビゼンクラゲ**が代表的です。干したり塩漬けにしたりして用います。乾物は水でもどし、塩クラゲは十分に塩抜きします。こりこりとした口あたりを楽しみます。

[*3]：カツオノエボシやアカクラゲは5〜6月頃にも見られます。沖縄県で被害が多いハブクラゲは、5月〜10月頃に多いです。

第4章 『水辺・川・海』にあふれる生き物

55 イワシ[鰯]
なぜ "弱い" のに魔除けになるの？

イワシは日本人にとって古くからもっともなじみ深い魚で、庶民の重要なタンパク源でした。漁獲量の変動が激しく、「大衆魚」のときもあれば「高級魚」とされることもあります。

庶民の重要なタンパク源

イワシはおもにマイワシ、カタクチイワシ、ウルメイワシの3種類の総称です[*1]。代表格は**マイワシ**で、塩焼き、煮物、干物から加工食品まで幅広く食用にされています。

漁獲量のピークは1988年で、約450万トンを記録し、当時の日本の総漁獲量の4割を占めていました。ところが、その後は激減して、2005年に約2万8000トンになりました。今は少しもち直しています（2016年に約37万トン）。

シラスはイワシの仔魚

シラスはカタクチイワシやマイワシ、ウルメイワシの稚魚の総称です。

イワシは産卵されてから3日で卵からかえって仔魚になります。初めは卵黄をつけたまま泳ぎますが、卵黄がなくなるとエサを食べ始め群れをつくって泳ぎます。この時期をシラスといいます。体は透明で白っぽく、目が大きく機敏に泳ぎます。

シラスは、漁獲されると、地域や乾燥度合によっていろいろな

---

*1:カタクチイワシは下あごが短く上あごが突き出ていて、口の形が片寄って見えること、ウルメイワシは眼が脂肪膜におおわれているためうるんで見えることが名前の由来です。

名前で親しまれています。塩ゆでしたシラスは、水分量8割ほどのものを「**釜揚げしらす**」、干して7割程度の水分量のものを「**しらす干し**」、5割以下になったものを「**ちりめんじゃこ**」と呼んでいます。ちりめんじゃこは、釜揚げしらす、しらす干しに比べて食感が硬めです。

イワシは魔除けになる？

節分といえば、豆まきと恵方巻きを思い浮かべる人が多いかもしれませんが、焼いたイワシを食べる習慣がある家庭も少なくないでしょう。

イワシには独特のにおい（臭み）がありますが、このにおいが鬼を寄せつけないとされ、柊の枝にイワシの頭を刺して飾ることもあります[*2]。

イワシの語源は「弱し」や「卑しい」といわれており、弱くて卑しいイワシを食すことで陰気を払う、といった意味合いもあるようです。

たしかにイワシは「弱い」魚で、陸揚げするとすぐに死んでしまい腐るのが早いこと、多くの肉食魚から捕食される魚であることも名前の由来にありそうです。

身を守るために昼夜問わず群れで泳ぎ、数千から数万匹が行動を共にします。エサは海中のプランクトンです。

[*2]：これを柊鰯（ひいらぎいわし）といいます。平安時代の土佐日記に記載があるなど、古くからの風習です。

56 サンマ［秋刀魚］
食べると本当に頭がよくなるの？

> 秋の旬といえばサンマで、脂がのって塩焼きが美味しいです。ところがサンマの漁獲量は近年不漁が続き、毎年のように高騰して、「高級魚」になっています。

体の特徴と生態

体は細長く、両あごはくちばし状に突出しています。背びれとしりびれの後方に数個の小さなひれがあります。全長は40 cm近くになります。

店頭に並んでいるサンマにはウロコがほとんどなくつるっとした状態ですが、生きて泳いでいるときには細かくきれいなウロコにおおわれていました。サンマのウロコは薄くとてもはがれやすいので、漁獲されるとき、網の中で大量のサンマ同士がこすれあうことでほとんどはがれ落ちてしまったのです。

サンマはオホーツク海から北太平洋、日本海、東シナ海に及ぶ広い海域を回遊する魚です。日本の近海では、太平洋沿岸、日本海沿岸共に南の暖かい海域で卵からかえった稚魚が成長しながら北上し、秋には産卵に向けて南下します。夏のサンマは脂ののりが少なく、8月頃のサンマの脂肪は約10％ですが、**10〜11月となると20％くらい**になり、産卵後は5％と激減します。寿命は2年ほどとされ、毎年この回遊に加わります。

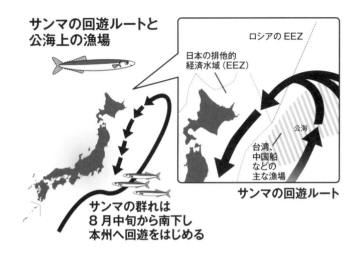

豊富に含まれる DHA

サンマは、タンパク質、脂肪が豊富で、脂肪には健康にいいとされる**ドコサヘキサエン酸（DHA）**が含まれています。血合にはビタミン B_2、D も豊富に含まれています。

DHA は、不飽和脂肪酸のひとつです。マグロ、イワシ、サバ、サンマなどの青魚に含まれ、学習能力を向上させる効果などがあるとしてブームになりました。しかし、その明確な根拠はありません。1 日 1 ～ 1.7 g の推奨量ですが、ブリ半切れで 1.7 g 摂取できるなど、青魚を食べれば事足りるのでサプリメントでとる必要はありません。なお、血液中の中性脂肪値を下げる効果があるとしてトクホにも使われています。

サンマ水揚げ量が低迷しているワケ

ここ数年、国内の漁獲量が低迷し、価格も上昇しています。

2013年のサンマの水揚げは14.8万トン。2014年はもち直して22.5万トンでしたが、2015年(平成27年)には11万トン余りに激減。2017年は7.7万トンで、48年ぶりの低水準といわれました。

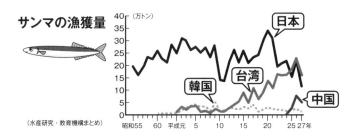

（水産研究・教育機構まとめ）

激減している原因として、日本近海の潮の流れの変化が指摘されています。また、公海で外国漁船がサンマの水揚げ量を増やしていることがあげられます。近年、中国や台湾がどこの国の規制も及ばない公海に積極的に進出してサンマを漁獲するようになっています[*1]。

すでに、台湾は年間漁獲量で日本を上回り、世界でもっともサンマをとっている国になっています。中国も急速に漁獲量を増やしています。日本への旅行などをきっかけにサンマを知り、その美味しさや健康によいという評判が広がっていることなどが背景にあるようです。

一方日本は漁業者の高齢化や後継者難の問題が一段と深刻になっています。

*1：日本は、国際会議でサンマの資源管理強化を訴えましたが、中国の反対もあり、先の見通しが厳しい状態です。

57 サケ［鮭］
サケは赤身魚? それとも白身魚?

> 北海道ではサケ漁が有名で、いろいろな街で養殖もしています。回転寿司では人気のネタの一つですが、サケにはどのような秘密があるでしょう。

秋に登るサケはシロザケ

秋に川に登ってくるサケは**シロザケ**という種です。普通、4年目のサケが川に戻りますが、いろいろな理由で名前が変わります。

トキサケ … 遠くまで回遊せずに、オホーツク海周辺で過ごしてきた未熟なサケをトキサケといいます。産卵の準備をしていないので、身に脂がのっています。

ケイジ … 他のサケが回遊するのにまぎれて1～2年ほどで戻ってきたサケです。精巣も卵巣も未熟なので、脂のノリは最高で、サケの中では最高級といわれます。

ギンケ … 普通、淡水域に接近すると、サケは婚姻色[*1]が現れます。それはブナと呼ばれます。しかしギンケはそれが出ないので、美しい魚体です。

ブナ … 産卵準備で性成熟し、婚姻色が出たものがブナです。この時期になると、本来筋肉の中にある**アスタキサンチン**という色素が、オスは皮ふに、メスは卵（イクラ）へ移動します。身が白っぽくなり、味も落ちるのです。

---

*1：繁殖期にオスの全身や腹面の体色が変化することをいいます。紅色に染まります。

回転寿司のサーモン

サケの英語名は「サーモン」といいます。トラウトサーモンというのも耳にしますが、トラウトはマスです。ニジマスなどはトラウトに分類されます。

ところで、回転寿司にあるサーモンはサケなのでしょうか。

日本に回遊してくるサケは**太平洋サケ**というグループで、産卵するために川を遡上すると死んでしまいます。

しかし、大西洋には**大西洋サケ**というグループがあります。産卵後も海に戻り、どんどん大きくなるのです。回転寿司でおもに使われているのは、養殖されたこの大西洋サケ（アトランティックサーモン）かニジマス（レインボートラウト）なのです。

サケには普通アニサキスなどの寄生虫がいますが、養殖しているこれら二種は様々な対策を講じられていて、寄生虫がいないため、生食に向くのです。

サケは白身魚

魚は、筋肉中の血色素のミオグロビンの含有量により「赤身」「白身」に区分されます。サケは、カレイ、ヒラメ、タイなどと同じく、白身の魚に分類されているのです。

先ほど触れたサケの身の色であるアスタキサンチンは、オキアミやエビなどの甲殻類に含まれている色素です。これらのエサをとることによって、サケの筋肉に蓄積していきます。

ですから、養殖のときに、アスタキサンチンを含まないエサを与えると、白身のサケになってしまいます。

58 ウナギ[鰻]
マリアナ海域から日本にやって来る？

胴体が細長くぬめぬめしているウナギは、古来から日本人が食用にしてきた身近な魚です。近年は稚魚(シラスウナギ)の漁獲量が極端に減少し、絶滅が危惧されています。

日本にもともといたウナギ

古来から食べられてきたのは**ニホンウナギ**です。一般に40～50cm、まれには1mを超えるものがあります。体は円筒形で、細長く、腹びれがないのが特徴です。背びれ、尾びれ、しりびれは連なっていて、ウロコは長楕円形で小さく、皮下に埋まっています。**オオウナギ**は、全長2mにもなります。

ウナギの生態はナゾだらけ

ウナギは海で生まれて、川に来たり湖にすんだりした後、海に戻って産卵します。

産卵場所は長らく不明でしたが、21世紀になってから場所がわかりました[1]。そこは、日本から2500kmも離れた太平洋のマリアナ海域付近です。とても狭い海域で、そのうえ春から夏の新月の晩にだけ産卵します。ここで卵がふ化し、透明な仔魚になります。仔魚は太平洋を回遊して、シラスウナギとよばれる稚魚に変化し、東アジア近海へと向かいます。

シラスウナギは透明で、川を遡上します。川や湖で5～10年

---

[1]: 見つけたのは東京大学大気海洋研究所と独立行政法人水産総合研究センターのチームです。1991年に赤ちゃんウナギを採集し、2005年にはふ化後2日目の仔魚(しぎょ)を採集、さらに2008年には同研究センターが親ウナギを初めて捕獲していたので産卵する場所や時間をしぼって、卵を探していました。

成長すると、私たちが食べるおなじみのウナギになります。

成長したウナギは川を下り、太平洋を回遊して、ふたたびマリアナ海域の産卵場所へ向かうと考えられていますが、このあたりはまだよくわかっていません。

絶滅危惧種に

養殖ウナギは、採集されたシラスウナギを育てて成魚にします。しかし今、養殖に使うシラスウナギのとれる量が激減しています。これは、もっともウナギを食べる日本人がウナギを滅ぼしかけているからです。

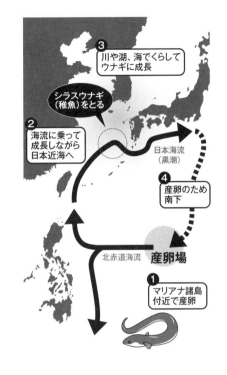

このままだとウナギのかば焼きは、将来食べられなくなるかもしれないという事態です[*2]。

シラスウナギの不漁の原因は、シラスウナギの乱獲や、親ウナギが育つ川の汚染が考えられます。海の環境が変わることで産卵

---

*2：2014年には国際自然保護連合(IUCN)がニホンウナギを「絶滅危惧種」に指定しました。日本国内のシラスウナギ漁獲量は1960年ごろには200トン前後ありましたが2013年には過去最低の5トン余まで落ちこみ、最近は年15トン前後です。

場所やシラスウナギが回遊する場所が変わる可能性もあります。

　シラスウナギのとれる量が激減している背景には、日本でウナギが大量消費されていることがあります。かつては、街のウナギ屋さんで比較的高価なウナギ料理を食べることがほとんどだったので、国内消費量は一定で推移していました。ところが2000年前後に大型スーパーなどで安価な蒲焼きパックが販売され、身近な食材として大量に消費されるようになったのです。

ウナギの完全養殖

　それならウナギに卵を産ませ、卵からシラスウナギを育てる完全養殖の技術を進めればいいと思うでしょう。

　もちろんその研究はおこなわれています[*3]が、いまだ市場に養殖シラスウナギは出ていません。大量飼育をするには、エサの問題、細菌に弱い仔魚の育成方法などクリアしなければならないことがあって、今も研究中です。養殖シラスウナギの大量飼育を期待したいものです。

土用の丑の日にウナギを食べるワケ

　ウナギは栄養価が高く、タンパク質は白焼きで20.7％、蒲焼きで23.0％と多く、またビタミンAも多いです。

　「猛暑を乗り切るため、土用の丑の日にはウナギを食べて精をつけよう」といわれます。本来の天然ウナギの旬は成長して脂がのる秋の終わりから冬といわれます。

　それなのに土用の丑の日をウナギを食べる日にしたのは、江戸

[*3]：2010年4月に独立行政法人水産総合研究センターがウナギの完全養殖の実験に成功しています。

時代の発明家平賀源内が、街のさびれたウナギ料理屋を活気づけるために「今日は土用の丑の日。うなぎを食うべし」というキャッチコピーを考えたからだといわれています。

「ウナギに梅干し」は食い合わせが悪い？

○○と××は一緒に食べてはいけないといった「食い合わせ」が、昔からよくいわれています。しかし、その中には科学的な根拠が怪しいものも少なくありません。「ウナギに梅干し」も、その1つです。

食い合わせの一方には、ウナギやナマズ、コイといった川魚がしばしば登場します。これらの川魚は熟成が早く腐りやすいため、冷蔵庫がなかった昔は、川魚を食べてお腹を壊すことが多かったのでしょう。しかし、梅干しとの組み合わせで、それが深まることは考えられません。

なお、「ウナギと梅干しを一緒に食べるとあまりの美味しさに止まらなくなって腹を壊す」からだという説もあります。

ウナギ味のナマズを開発中

近畿大学がウナギに近い味（最終目標はウナギ味のナマズ）を目指して開発したウナギの代替品が**近大ナマズ**です。しかし、味がウナギよりもサンマに近いといわれていますので、近畿大学では現在も鋭意改良を重ねています。

59 カニ［蟹］
「カニ味噌」は脳みそではなく内臓？

> 日本の三大ガニは、食べ応えのあるタラバガニ、ブランド蟹にもなっているズワイガニ、カニ味噌が美味しいケガニが知られています。

タラバガニの１対のあしは体の中に

日本の三大ガニは２つのグループに分けられます。

ケガニやズワイガニは十脚目・カニ下目と呼ばれ、ハサミを含めると10本の脚があります。一方、**タラバガニは十脚目・ヤドカリ下目**と呼ばれ、あしはハサミを含めて８本しか見あたりません。もう一対のあしは甲羅の中にあるのです（この点がヤドカリと共通しています）。折りたたまれている様子を今度食べるときに観察してみてください。

茹でると赤くなる色素

カニの甲羅にはタンパク質と結びついた状態のアスタキサンチンという色素が含まれています。この色素は加熱されてタンパク質が壊れると、本来の赤い色がはっきりします。これはエビも同じです。

サケの項目で説明したように、きれいなサーモンピンクもこのアスタキサンチンの色です。サケのエサに含まれていた色素が表れたものなのです。

酸素が不足すると泡を吹く

カニは口から泡を出すことがあります。そもそもカニはえら呼吸です。なぜ口から泡を出すのでしょう。

じつは、カニにとっては危機的な状況のときに泡を吹くのです。

カニのえらは、水に含まれた酸素を吸収するためにスポンジのようになっています。**エラが乾燥してくると、カニは口から水をはき、そこに酸素を溶かしこんでエラから吸収するということをくり返します**。時間が経つほど水分の粘度が増してきて、泡立つようになるのです。

「カニ味噌」は脳みそではない

「カニ味噌」の正体は脳みそではなく、中腸腺（ちゅうちょう）と呼ばれる**人でいうと肝臓と脾臓（ひ）が合わさったような器官**です。消化酵素を分泌したり、栄養分を蓄積したりしているところです。

「カニ味噌」である中腸腺の脂質量は、産卵前の時期に最大になります。量も味もそのときどきで変わるのです。

カニ３種の違い

ズワイガニ(楚蟹)	ケガニ(毛蟹)	タラバガニ(鱈場蟹)
カニ下目	カニ下目	ヤドカリ下目
オスは「松葉ガニ」(兵庫・鳥取・島根)や「越前ガニ」(福井)といった「ブランド蟹」として高価。	体が小さく身も小さい	１m以上になることもあり「カニの王様」ともいわれる
繊細な味で甘く、カニ味噌も美味しい	カニ味噌にすると一番美味しい	淡白で大味、プリプリの食感。かに味噌は美味しくない（通常食さない）

60 フグ [河豚]
フグ毒は青酸カリの1000倍以上?

> フグ刺し、フグ鍋は高級料理です。フグの骨は各地の貝塚から出土しており、古くから食べられてきました。肝臓や卵巣には強い毒をもっているため調理するには資格が必要です。

小さい口にぱんぱんにふくれたお腹

フグの口は小さく、突き出ており、強い歯をもっています。外敵に襲われたり、釣り上げられると、食道の一部にある袋に水や空気を入れてお腹がぱんぱんにふくれます。フグの特徴的な姿ですね。

フグ毒の確実な解毒方法はない

フグ料理に使われるフグには、トラフグ、ヒガンフグ、マフグ、サバフグなどの種類がありますが、トラフグがもっとも美味です。トラフグは養殖もされています。

これらのフグは、無毒のサバフグ(シロサバフグ)を除いて、おもに**肝臓・卵巣にテトロドトキシンという毒**をもっています。

テトロドトキシンは、フグの肝臓や卵巣などの内臓、フグの種類によっては皮、筋肉にも含まれ、通常の加熱では壊れません。**その強さは青酸カリの1000倍以上ともいわれる猛毒**です[1]。この毒は、テトロドトキシンをつくる海洋細菌をエサとして食べている巻貝やヒトデ類を食べることで、生体濃縮されて体内に蓄

---

[1]: 種類によって、時期によっても毒の量が変わります。

積されます。テトロドトキシンをもつことで、外敵から身を守る効果やオスを誘うフェロモンの効果をもっているとの説があります。養殖フグもテトロドトキシンを混ぜたエサで育てたほうが生存率が高くなります。つまり、テトロドトキシンはフグにとって必要な物質なのです。

フグ中毒の経過は非常に速く、**食べてから死亡までの時間は4〜6時間ほど**です。確実な解毒方法はなく、発症すると死亡率が高いことも特徴です。

【中毒の症状と経過】

【1】食後20分から3時間までに、口唇、舌端、指先のしびれが始まります。頭痛、腹痛などをともない、激しい嘔吐が続くこともあります。歩行は千鳥足となります。

【2】まもなく、知覚マヒ、言語障害、呼吸困難となり、血圧が下降します。

【3】その後、全身が完全な運動麻痺になり、指さえ動かすことができなくなります。

【4】意識は死の直前まで明瞭です。意識消失後まもなく呼吸・心臓が停止し、死に至ります。

素人にはフグの種類やどの部分に毒があるかを見分けることはできません。

例えば、2017年12月に「釣ったフグで食中毒」というニュースがありました。釣った**ハコフグ**[*2]を自宅で焼いて食べ、全身

---

*2:魚類学者でタレントのさかなクン（さん）が、頭にかぶっているのがこのハコフグです。

の筋肉が激しく痛む食中毒になりました。

実はハコフグにはテトロドトキシンは含まれていません。皮ふからパフトキシンという神経毒を分泌します。また、肝臓にパリトキシンという毒に作用が似たパリトキシン様毒が含まれていることがあるのです。

パリトキシン様毒による食中毒は、食べてから概ね12〜24時間で発症し、激しい筋肉痛をともなう呼吸困難やけいれんが出ることがあります。場合によっては死に至るおそれもあります。

フグの刺身はなぜ薄い？

「**フグ食う無分別、フグ食わぬ無分別**」という言葉があります。フグに毒があるのにむやみに食うのは無分別（あと先を考えない。思慮がない）であるが、やたらにその毒をおそれてその美味を味わわないのも無分別であるという意味です。

フグを食べるときには、「ふぐ調理師」などの有資格者の手で調理されたものを食べましょう[*3]。

ところで、フグ料理といえば刺身を薄く切って並べた大皿を思い浮かべる人も多いでしょう。なぜこのように薄く切られるかというと、**生のフグの身は引き締まっているため、厚いとかみ切ることが難しいから**です。

うま味をしっかり味わいながら食べられるちょうどよい薄さになっているのです。

---

*3：都道府県によってその名称は「ふぐ調理師」「ふぐ処理師」「ふぐ処理者」「ふぐ取扱者」などいろいろであり、統一されていませんが、安心・安全なフグ料理を楽しむためには、有資格者の手で適切に調理されることが必要です。

61 イカ[烏賊]・タコ[蛸]
タコスミはなぜ料理に出てこないの?

> タコは8本足、イカは10本足が特徴で、様々な料理にも使われる代表的な海産物です。スミを吐いたり体の色を変えるなど、似ているところが多いです。

形はちがっても大きな分類ではほぼ同じ

イカやタコは柔らかい体が特徴で、骨がありません。こうした動物を**軟体動物**と呼んでいます。**コウイカ**の仲間には大きく硬い骨のようなものもありますが、あれは「甲」と呼ばれるもので、骨ではありません。貝の殻に近いものです[*1]。

頭足類と呼ばれるイカとタコ

軟体動物のうち、イカとタコの仲間は**頭足類**(とうそくるい)といいます。頭からあしが生えている生物で、頭に脳や目があり、あしの付け根の部分に口があります。口には大きな1組の歯があり吸盤がついたあしを伸ばして獲物をとらえて口に運びます。

イカとタコのあしはずいぶんちがいます。**タコの吸盤はすべてが筋肉でできています**。ところがイカのあしにはキチン質の歯がついています。とくに、2本のあしは大変長く、獲物を捕らえられるようになっています。

[*1]:シジミなどの二枚貝綱も軟体動物です。

色を変えるのが得意

　頭足類の皮膚には色素胞、虹色素胞、白色素胞の3層構造が見られます。

　イカは「虹色素胞」で光を反射させて瞬間的に色を変えることができます。

　一方タコは小さな袋状の「色素胞」を筋肉で引っ張って面積を大きくして赤っぽくなったり、逆に緩めて小さくし、赤の面積を小さくするということで変色しています。

イカスミはあるのにタコスミは？

　イカスミは料理に使われますが、タコスミは使われないようです。でも、タコもスミをはくイメージはあるはずです。どんなちがいがあるのでしょう。

　イカもタコも敵に襲われるとスミをはきます。

　タコスミはまるで煙幕のように水中に漂って視界をさえぎります。一方**イカスミは粘度が高く、はき出されると塊のようになります**。敵はそれをイカとまちがえて襲おうとします。そのすきに逃げるというわけです。

　「タコスミは薄くてまずい」といわれることがありますが、そんなことはないようです。タコスミが料理に使われない最大の理由は「回収のしにくさ」にあります。イカスミはイカゴロといわれる肝臓に密着してとりやすいのですが、タコの場合は内臓に埋もれていて量も少なく、とり出すことが難しいのです。成分的にはタコスミの方が美味という話もあるくらいです。

62 ブリ［鰤］
大きさによって名前が変わる出世魚？

> 脂の乗ったブリは、古くから日本人に親しまれてきました。ブリ大根やブリの照り焼き、ブリしゃぶ、刺身など定番の料理に欠かせない魚です。

ブリが美味しいワケ

　ブリの身が美味しいのは、アミノ酸のひとつであるヒスチジンが他の魚より多く含まれているためです。このヒスチジンは、とれたてよりも、ある程度時間を置いたほうが多くなります。

　ブリの身にはタンパク質、脂肪、ビタミン B_1、B_2 が多く含まれています。

大きさによって呼び名が変わる出世魚

　ブリは、日本近海でとれるもっとも大きな魚で、体長1.5 mに達します。出世魚として、日本各地で多数の呼び名を残しています。

- 【関東】　モジャコ（稚魚）→ワカシ（35 cm以下）
　　　　　→イナダ（35-60 cm）→ワラサ（60-80 cm）
　　　　　→ブリ（80 cm以上）
- 【北陸】　コゾクラ、コズクラ、ツバイソ（35 cm以下）
　　　　　→フクラギ（35-60 cm）→ガンド、ガンドブリ（60-80 cm）
　　　　　→ブリ（80 cm以上）
- 【関西】　モジャコ（稚魚）→ワカナ（兵庫県瀬戸内海側）
　　　　　→ツバス、ヤズ（40 cm以下）→ハマチ（40-60 cm）
　　　　　→メジロ（60-80 cm）→ブリ（80 cm以上）

【南四国】モジャコ（稚魚）→ワカナゴ（35 cm 以下）
　　　　→ハマチ（30-40 cm）→メジロ（40-60 cm）
　　　　→オオイオ（60-70 cm）→スズイナ（70-80 cm）
　　　　→ブリ（80 cm 以上）

　80 cm 以上のものは日本各地で「ブリ」と呼んでいます。または 80 cm 以下でも 8 kg 以上（関西では 6 kg 以上）のものをブリと呼ぶ場合もあります。

　流通の過程では、大きさに関わらず==養殖ものをハマチ、天然ものをブリ==と呼んで区別する場合もあります。

冬に旬の寒ブリ

　ブリは、温帯性の回遊魚で、春夏はイワシを追って北上し、冬になると南下する魚です。産卵のため南下してきたブリは、「寒ブリ」と呼ばれ、脂が乗り、冬に旬を迎えます。

養殖ブリの養殖法が改善され品質アップ

　春に流れ藻についた稚魚（モジャコ）を捕獲して、それを養殖します。肥育期間は通常、2年程度です。

　かつては、内湾でいかだで囲んだ場所でイワシなどの小魚を与えていましたが、赤潮の影響を受けたり、海底に食べ残しのエサがヘドロ状に堆積して水質が悪化していました。

　現在は、場所を外湾に移し、エサを成分調整したものに改善して、天然物に負けない品質のブリを育てられるようになっています。

第4章 『水辺・川・海』にあふれる生き物

63 マグロ [鮪]
資源枯渇で将来食べられなくなる?

日本のマグロの漁獲量と輸入量は、ともに世界最大です。日本ではどこでも手に入り、食べることができる魚になっていますが、資源枯渇の危機に瀕しています[*1]。

海の中で食物連鎖の頂点にたつ肉食魚

マグロは、世界の海で見られる魚の中でも、とくに大型になる肉食魚です。種類によっては、2〜3mにもなります。

日本の食卓によくのぼる、大型のマグロ類には、クロマグロ、ミナミマグロ、キハダ、メバチ、ビンナガなどがあります。

マグロの代表格は**クロマグロ**(以下マグロ)で、大型のものだと体長2mを超えます。マグロの王様ともいわれ、流通の過程では**ホンマグロ**ともいわれます。

その産卵数をイワシと比べてみましょう。

マグロは卵を100万〜1000万産みますが、食べられる側のイワシは卵を10万ぐらいしか産みません。これはどうしてなのでしょうか。

マグロは熱帯や亜熱帯の海で卵を産み、卵はプカプカ海面に浮いています。海流によって、水温や塩分の濃度があわなくて死ぬ場合もあります。エサになるプランクトンが少なくて飢え死にすることもあります。そして、共食いをしたり、大きな魚などに食

[*1]:北太平洋海域のマグロの資源研究をおこなう北太平洋マグロ類国際科学委員会(ISC)は2016年7月、現在のクロマグロの資源量は、漁がなかった時代の初期資源量に比べてわずか2.6%と発表しました。大半がとりつくされた状態です。

べられたりします。**マグロのように強い魚でも、ほとんどが子どものころに死んでしまうのです**。卵や子どもの時代は、マグロもイワシも同じように弱い魚なのです。

イワシは、早く成魚になってどんどん仲間を増やしますが、マグロは成魚になるまでに時間がかかります。**イワシのような小型魚の増える速さは、マグロのような大型肉食魚のおよそ10倍**です。ですから、食べられるイワシが、食べるマグロより卵が少なくても絶滅しないですむわけです。

世界で初めてクロマグロの完全養殖に成功

クロマグロは、資源枯渇で将来食べられなくなるかもしれない魚の筆頭にあげられます。過剰な漁獲が続いてきたからです。

そこで期待されるのが完全養殖ですが、世界で初めて成功したのは近畿大学です。

稚魚や幼魚を捕まえて養殖するのではなく、**養殖した親魚から採卵し、それを親魚にまで育てるのが完全養殖**です。しかし、課題が多いのが現状です。

課題のひとつは、採卵した卵から、海上の網いけすに出すまで育つ割合はわずか3%という**歩止まりの悪さ**です[*2]。最終的に出荷できる成魚まで育つのは全体の1%だといいます。

課題のもうひとつは**エサの問題**です。マグロがエサとして食べたものがすべて体をつくるのではありません。ふつう、食べたものの10分の1程度が体の成長に使われます。その他は呼吸などの生命活動のためのエネルギーとして消費されてしまいます。

---

*2:マダイが70%、カンパチが30%ですから、他の魚に比べて低さが際だちます。

マグロは、食べたものの 15 分の 1 程度が体をつくるのに回ります。つまりマグロを 1 kg 太らせるのには、エサ（サバやウルメイワシ、アジ、アオリイカなどの生魚）を 15 kg 与えなければならないのです。

そこで近畿大学では、エサとして魚粉をベースにしてつくられた配合飼料を多くする研究をしています。

肉の色調と「シーチキン」

マグロは品種によって色調が異なります。クロマグロやミナミマグロは**濃い赤色**です。キハダは**紅色**で、ビンナガになると**白色**です。

ビンナガは肉色が白いのと身が柔らかいため刺身にはされず、おもに缶詰に加工されます。

「シーチキン」は静岡県に本拠をおくはごろもフーズの商標です（商標登録は 1958 年）。シーチキンブランドのツナ缶詰は、日本国内で 5 割以上のシェアを占めています。原料となる魚は、ビンナガ（ホワイトミートと呼ばれる上級品）、キハダ、カツオ（ライトミートと呼ばれる普及品）です。

コラム
4 食物連鎖と生物同士のつながり

　私たちは他の生物を食べて生きています。もちろん他の動物たちも同じで、生物の間には「食べる・食べられる」という切り離すことができない関係があります。この関係を**食物連鎖**や**食物網**といいます。

　このつながりは単純に「食べる・食べられる」で済むわけではなく、このことによって様々な問題がおこる可能性を秘めています。実際に大きな問題が発生したこともあります。

　食物連鎖のスタートは植物です。これは陸上でも水中でも同じです。植物は草食動物に食べられ、草食動物は肉食動物に食べられます。

　例えば、日本人が大好きなマグロで考えてみましょう。マグロはサバなどの中型の肉食魚類を食べています。サバはより小型のイワシなどを食べ、イワシは動物性プランクトンなどを食べるわけです。その動物性プランクトンは植物性プランクトンを食べるのです。

　このとき、植物性プランクトンが毒性のあるものをふくんだとします。その物質の影響は食物として食べる動物に伝わります。ここで問題なのはただ伝わるわけではないということです。毒性の濃度がどんどん高まってしまうのです。これを**生物濃縮**といいます。

　こうやって食物連鎖によって高められた有毒な物質でおこってしまった代表的な病気が**水俣病**です。メチル水銀という物質がどんどん濃縮され、魚を食べた人たちに発症したのです。

　厚生労働省の WEB サイトには大型の魚類の摂取量の目安が書かれています。とくに妊婦の方は知っておいたほうがよいでしょう。

第5章
私たち
『ホモ・サピエンス』

64 どんどん増えるホモ・サピエンス

増える世界人口

私たちヒトは、地球上の他の動物と異なり、現在は「ホモ・サピエンス」というたった一種しか存在しません。分類学的には霊長目のヒト（類人類）上科のヒト科に属する動物です。

ヒトは現在、地球上にどのくらいいるのでしょうか。また今後の世界人口はどのくらいになるのでしょうか。

国連経済社会局が 2017 年 6 月に発表した世界人口推計によると、現在、世界の人口は**約 76 億人**（2017 年半ば）となっています。**毎年およそ 8300 万人が増えています。**

2030 年までに 80 億人を超え、**2050 年には 98 億人**に達する見通しです。

2024 年ごろまでにインドが中国を抜き国別で 1 位となります。

日本は現在の 11 位（1 億 2700 万人）から次第に順位を下げ、**2100 年には 8500 万人で 29 位になる**という推計です。

かつては何種かの人類がいた

ヒトは、約 700 万年前にチンパンジーとの共通祖先から分かれて初期猿人が登場してから、猿人・原人・旧人・新人という段階を経ながら進化してきたと考えられています。

新人の**ホモ・サピエンス**は、約 20 万年前にアフリカで誕生して、

約6万年前から世界中に広がっていきました。

　旧人には**ネアンデルタール人**がいます。ネアンデルタール人もホモ・サピエンスも原人から別々に進化してきたと考えられています。

　ネアンデルタール人は、数十万年前に出現し、約3万年前まで、西アジアとヨーロッパに生きていました。ホモ・サピエンスがヨーロッパに移りすんだのは約4万年前ですから、**約1万年間は2つの人類が同じ地域にすんでいた**ことになります。

　DNAを調べると、ネアンデルタール人とホモ・サピエンスは一部混血していた、つまりお互いの子どもができていたようです。私たち日本人も数％はネアンデルタール人なのです。

　ホモ・サピエンスとの混血があった旧人類はネアンデルタール人だけではありませんでした。

　2008年に、ロシアの西シベリアにある「デニソワ洞窟」で小さな骨のかけらが発見されました。放射性炭素年代測定で4万1000年前のものであると推定されました。2010年には、DNAを調べたところ、ネアンデルタール人ともホモ・サピエンスとも異なることがわかり、**デニソワ人**と名づけられました。

　ネアンデルタール人とデニソワ人は、ホモ・サピエンスと共存した時期があったのですが、すでに絶滅してしまって、人類はホモ・サピエンスという種しか残っていないのです。

　ヒトは、形質的に、白色人種群、黄色人種群、黒色人種群に大きく分類されますが、人種間に先天的、遺伝的な知能差が存在することを示すデータはありません。

65 ヒトの進化と直立二足歩行

初期猿人から直立二足歩行開始

　最古の人類といえるのは、アフリカ中央部のチャドで発見されたサヘラントロプスとよばれる猿人です。およそ700万年前に出現したと考えられています。その後、約580〜440万年前にアルディピテクス・ラミダス（ラミダス猿人）が現れました。これらは、これまで知られていた猿人とはだいぶちがうので**初期猿人**として独立させて考えるようになりました。

　彼らは小柄で、チンパンジーのメスと同じくらいでした。脳容積もチンパンジーと同様で、現代人の4分の1から3分の1でした（300〜350 ml）。森にすみ、おもに果物を食べていました。出土した化石のまわりに一緒にあった動物の化石から、草原ではなく森にくらしていたことがわかったのです。

　初期猿人は、森から草原に出ていって四足の姿勢から徐々に体をおこして立ち上がったのではなく、森にすんでいたときから腰を伸ばして立って、直立二足歩行を開始していたようです。ただし、骨盤の下部はチンパンジーのように長く、その点は二足歩行に適しているというより、木登りに適しているといえます。森にくらし、木から下りて別の木へ行くときには二足歩行していたのでしょう。

　約400万年前から**猿人**（アウストラロピテクス）の時代になりました。猿人は森林から草原にも出ていくようになり、安定した直

立二足歩行が可能になりました。

足の裏には地面につかない部分である土ふまずがありました。土ふまずは、サルの仲間や初期猿人にはありませんでした。**土ふまずのアーチ形がばねの役目をして歩行を軽やかにし、長い距離を歩いても疲れにくくなったのです。**

直立二足歩行に合った体

約200万年前には、アフリカで**原人**（北京原人などホモ・エレクトゥス）が誕生しました。脳が拡大、知能が発達し始めました。直立二足歩行によって手が歩行から解放されて自由に使えるようになり、器用な手になり、ものをつくれるようになりました。これによって、脳は発達していきました。

ヒトの体は、直立二足歩行に合ったつくりになっています。

背骨は垂直ではなく、少しS字形に曲がっています。体の前のほうには、肋骨でかこまれた胸があります。さらにその下には内臓があり、これが重いのです。そこで、胸のところの背骨はうしろに曲がり、重心が体の中心にくるようになっています。**背骨がS字形に曲がっていることで、ばねの役目をして、歩いたりしたとき、あまり脳にひびかないようになりました。**

腰も直立した体を支えています。ヒトはサルよりもずっと大きな骨盤をもっています。骨盤は上半身の内臓などを支え、とくに女性では胎児を直立姿勢のために支えなければなりません。そこで直立二足歩行をするヒトではどんぶりのような形をしていま

す。そのため、ヒトは大きなおしりをもっています。

　歩くときには、一方のあしを前に出すと、もう一方のあしはうしろにけり出します。直立していると、立っているだけでも、すでに両あしをうしろにけり出す格好になっています。そのとき必要な強い力は、おしりについている立派な筋肉から出されます。

　しかし、**ヒトが直立二足歩行になってからの歴史はまだ浅く、完全に直立二足歩行向きの体にはなっているとはいえません**。

　例えば胃下垂、脳貧血、腰痛などは、直立歩行をするヒトの特有の病気なのです。

　胃下垂とは、胃が正常な位置よりも垂れ下がっている状態です。胃の位置は、本来はみぞおちのあたりにあるのですが、胃下垂の場合はおへそや下腹部のところまで下がっています。胃もたれ、腹部の張り、食欲不振、胸焼け、はき気などの症状を示します。食べ物が胃に長い間滞留し、胃酸が通常より多く出て胃酸過多になり、胃の炎症や潰瘍をおこしてしまう危険性が高くなります。

　四足動物は、水平な背骨に内臓がぶら下がった形で前後に並びますが、**直立したヒトの内臓は上下にぶら下がるため、胃下垂になりやすい**のです。

　ヒトは直立二足歩行により、器用な手になり、すばらしい文化をつくってきました。でも一方では、これによる問題ももっているわけです。

66 ヒトの手と巨大化する脳

指紋は何のためにある？

　指紋のかたちはヒトによってみなちがい、しかも終生不変という特徴をもっています。そのため犯罪捜査や個人認証として利用されてきました。日本では江戸時代から「証文における署名・捺印」と同じ意味をもつものとして拇印が使われていたということですが、現在ではボタンの上に指をのせるだけで即座にセキュリティーロックが解除されるという指紋認証システムが多くのスマートフォンに搭載されるようになりました。

　指紋は皮ふの表面を火や薬品で焼いたり、皮ふをはがしたりしても、その下から現れてくる盛り上がった部分（隆線）によってふたたび元通りに修復されます。**ヒトの指紋は消したり変えたりすることができない**のです。

　この指紋、じつはニホンザルやゴリラなど、他のサルの手にもあります。**指紋は樹上生活によって形づくられたもの**で、いわば「滑り止め」なのです。ヒトのご先祖様が樹上生活をしていなければ、私たちはもつことがなかったにちがいありません。

巨大化する脳

　直立二足歩行によってヒトの手は歩行から自由になりました。自由になった手を使ってヒトは獲物をとる道具やとった獲物を切り裂くための道具をつくるようになりました。

ヒトの手の最古の化石は、およそ300万年前頃に出現した猿人、アウストラロピテクスのものです。

　アウストラロピテクスの手の骨の大きさとかたちは、現代人の手とほとんど変わりません。同じ地層から最古の石器も発掘されているので、おそらく現代人と同じくらい器用に手を使っていたのではないでしょうか。

　ただしアウストラロピテクスの脳は**約400ml**で、類人猿と変わらない大きさでした。およそ50万年前頃に現われた原人、ホモ・エレクトスでは脳の大きさも**約1000ml**と大きくなっています。さらにホモ・サピエンスになると脳の容量も**約1400ml**と現代人と変わらなくなっています。

　2012年9月、酒井朋子 霊長類研究所研究員らの研究グループは、林原類人猿研究センターと共同で、世界で初めてチンパンジーの胎児の脳がどのように成長するかを明らかにしました。

　その結果、ヒトの脳の成長が妊娠後期まで加速し続けるのに対し、チンパンジーでは妊娠中期に、その加速が鈍るということがわかりました。

　チンパンジーの妊娠期間はおよそ33週～34週、ヒトの妊娠期間は平均38週なのですが、チンパンジーでもヒトでも胎齢20週頃までは脳が加速度的に成長します。しかし妊娠中期にあたる胎齢20週～25週頃に、チンパンジー胎児の脳容積の成長速度が頭打ちになったのです。ヒトの場合は妊娠後期まで脳容積の加速度的な成長が続くことが明らかになっています。

ヒトの脳の巨大化は、二足歩行や手の発達のみならず、武器や道具の使用あるいは計画的な狩猟採集のための様々な情報処理等によって、もたらされたものと考えられています。

ヒト以外の動物でも道具を使う

　かつては、道具を使うのはヒトだけだと考えられていました。しかし、今では、ヒト以外でも道具を使う動物がいることが明らかになっています。

　例えばカラスです。南太平洋のニューカレドニアにすむカレドニアガラスは、くちばしに細い枝をくわえ、木の穴の中にその枝を入れて、中にいる幼虫に細い枝をかみつかせて引きずり出す「釣り」をします。また、トゲのある葉っぱ（道具）を使って、植物の葉のつけ根にひそんでいる虫をほじくり出すこともあります。

　しかもこのとき使われる葉は、カラスの手づくりです。カレドニアガラスは自分の使いやすい形に葉を切り出すことができるのです。エサが少ない環境の中で身につけたこうした道具づくりの文化は、親から子へと伝承されています。

　もっとも有名な例はチンパンジーの道具使用でしょう。

　チンパンジーは、アリの幼虫やシロアリを食べるのが好きですが、その際、手近にある草の茎をとってアリ塚に差しこみ、その先にくっついた幼虫をなめるのです。手近にちょうどよい草がないときは、アリ塚から離れたところで草の茎をとり、適当な長さに切って使います。最初の発見者は、これを「アリ釣り」と呼びました。

チンパンジーは、太い枝をてこのようにして使うこともあるし、木の穴の中に蜜があるかどうかを調べるためにも枝を使います。汚れた体を葉でふいたりもします。さらに、アブラヤシの種子を割るために、一組の石をハンマーと台石として使用することも知られています。

本能から学習へ

　鳥の巣づくりは本能行動です。本能行動は、遺伝的にプログラムされ、生まれながらに備わった行動です。有名な例は、ミツバチが花の蜜がある場所を仲間に伝えるダンスです。

　これに対して、チンパンジーは、毎日、移動先で木の葉や枝を使って、休息のための寝床をつくります。しかし、子どもはうまくつくれません。母親がつくっているところをよく観察し、記憶し、マネをすることで上手につくれるようになります。つまりチンパンジーの寝床づくりは学習行動の結果なのです。

　アリ釣りも４歳以下のチンパンジーにとっては大変難しいことです。大脳の発達によって可能となった学習行動を身につけることにより、チンパンジーはある程度まで本能から解放されているといえるでしょう。

　チンパンジーのように、地上で四足になるものでさえ、こうして簡単な道具をつくり、使えるのですから、直立二足歩行で手が自由になったヒトが、道具のつくり方や使い方を学習するようになるのは当然のことのように思えます。

参考文献 (順不同)

- 左巻健男『面白くて眠れなくなる人類進化』PHP研究所
- 左巻健男『面白くて眠れなくなる理科』PHP研究所
- 『スーパーニッポニカ―日本大百科全書』小学館
- 正田陽一『家畜という名の動物たち』中央公論社
- はてな委員会編『動物のはてな』講談社
- クロックワーク編著『動物の不思議なるほど事典』ナツメ社
- 村井貴史『バッタ・コオロギ・キリギリス鳴き声図鑑』北海道大学出版会
- 宮城一郎編著『蚊の不思議―多様性生物学』東海大学出版会
- 山口英二『ミミズの話―よみもの動物記』北隆館
- 北村亘『ツバメの謎:ツバメの繁殖行動は進化する!?』誠文堂新光社
- 唐沢孝一『カラスはどれほど賢いか―都市鳥の適応戦略』中央公論社
- ピッキオ『鳥のおもしろ私生活』主婦と生活社
- 今泉忠明『図解雑学 動物行動学入門』ナツメ社

校正協力

- 平賀　章三　　（奈良教育大学名誉教授）
- 桝本　輝樹　　（千葉県立保健医療大学）
- 久米　宗男　　（創価大学・創価高等学校）
- 日上　奈央子　（広島大学大学院国際協力研究科院生）
- 伊藤　文詔　　（公立高等学校）
- 井上　貫之　　（理科教育コンサルタント）
- 田中　一樹　　（学習院中等科・学習院大学・法政大学）
- 安居　光國　　（室蘭工業大学工学研究科くらし環境領域）
- 田崎　真理子　（小学生向け実験科学教室講師）

執筆者

番号は執筆担当項目を示す
※肩書きは原稿執筆時点のものです

左巻 健男（さまき・たけお）

01 03 04 05 06 11 15 17 18 29 32 36 42 コラム2
45 50 54 55 56 58 60 62 63 64 65　　　コラム3

法政大学教職課程センター教授
理科好きの大人向け雑誌『理科の探検（Rika Tan）』編集長。
中学校理科教科書『新しい科学』編集委員。
"未知への探究"がモットー。
自然観察、国内外放浪、軽登山が趣味。
旧東海道、旧中山道を歩き通したことあり。

青野 裕幸（あおの・ひろゆき）

07 09 12 13 14 16 20 22 23 24 25 28 30 コラム1
33 34 35 39 40 41 43 46 47 48 49 51 52 コラム4
53 57 59 61

理科好きの大人向け雑誌『理科の探検（Rika Tan）』副編集長。
「楽しすぎるをバラまくプロジェクト」代表。
公立中学校理科教諭。
1962年生まれ。北海道教育大学教育学部卒業。
趣味は骨格標本づくりと、国内外放浪の旅。

左巻 恵美子（さまき・えみこ）

02 08 10 19 21 26 27 31 37 38 44 66

（株）SAMA企画代表
34年間千葉県公立高等学校で主に生物を教える。
東京教育大学大学院修士課程修了（理数科教育）。
若いときはマラソンが趣味でしたが、今はもっぱら食べ歩きが趣味。

■編著者略歴
左巻　健男（さまき・たけお）

法政大学教職課程センター教授
専門は、理科・科学教育、環境教育
1949年栃木県小山市生まれ。千葉大学教育学部卒業（物理化学教室）、東京学芸大学大学院教育学研究科修了（物理化学講座）、東京大学教育学部附属高等学校（現：東京大学教育学部附属中等教育学校）教諭、京都工芸繊維大学教授、同志社女子大学教授等を経て現職。
『理科の探検（RikaTan）』誌編集長。
中学校理科教科書編集委員・執筆者（東京書籍）。
著書に、『暮らしのなかのニセ科学』（平凡社新書）、『面白くて眠れなくなる物理』『面白くて眠れなくなる化学』『面白くて眠れなくなる地学』『面白くて眠れなくなる理科』『面白くて眠れなくなる元素』『面白くて眠れなくなる人類進化』（以上、PHP研究所）、『話したくなる！つかえる物理』『図解　身近にあふれる「科学」が3時間でわかる本』（明日香出版社）ほか多数。

本書の内容に関するお問い合わせ
明日香出版社　編集部
☎(03) 5395-7651

図解　身近にあふれる「生き物」が3時間でわかる本

| 2018年　3月26日　初版発行 |
| 2018年　4月13日　第10刷発行 |

編著者　左巻　健男
発行者　石野　栄一

明日香出版社

〒112-0005 東京都文京区水道2-11-5
電話 (03) 5395-7650（代表）
　　 (03) 5395-7654（FAX）
郵便振替 00150-6-183481
http://www.asuka-g.co.jp

■スタッフ■　編集　小林勝／久松圭祐／古川創一／藤田知子／田中裕也／生内志穂
営業　渡辺久夫／浜田充弘／奥本達哉／野口優／横尾一樹／関山美保子／藤本さやか　財務　早川朋子

印刷　美研プリンティング株式会社
製本　根本製本株式会社
ISBN 978-4-7569-1959-5 C0040

本書のコピー、スキャン、デジタル化等の無断複製は著作権法上で禁じられています。
乱丁本・落丁本はお取り替え致します。
©Takeo Samaki 2018 Printed in Japan
編集担当　田中裕也

図解
身近にあふれる「科学」が3時間でわかる本

≪シリーズ 好評発売中≫

◎ もくじ

第1章『リビング』にあふれる科学
01: 羽根のない扇風機はどうやって風を出しているの？etc

第2章『掃除・洗濯・料理』にあふれる科学
16: 電子レンジはどうやって食べ物を温めているの？etc

第3章『快適生活』にあふれる科学
30: ヒートテックはなぜ薄いのに温かいの？etc

第4章『健康・安全管理』にあふれる科学
33: 水素水はただの清涼飲料水にすぎない？etc

第5章『先端技術・乗り物』にあふれる科学
51: タッチパネルはどうやって指の動きを検知しているの？etc

本体価格 1400円　B6並製　216ページ
ISBN 978-4-7569-1914-4

科学ってわかるとおもしろい！

私たちの身のまわりは、科学技術や科学の恩恵を受けた製品にあふれています。
ふだん気にもしないで使っているアレもコレも、考えてみればどんなしくみになっているのか、気になりませんか？
そんなしくみを科学でひも解きながら、やさしく解説します。
本書はすべて身近にあふれる55項目で構成。文系の人でも読める内容にまとめているから、楽しみながら読める一冊です！